建筑艺术的文脉传承与设计构思

张丹萍　刘思源　靳晓东/著

中国广播影视出版社

图书在版编目（CIP）数据

建筑艺术的文脉传承与设计构思 / 张丹萍，刘思源，靳晓东著 .— 北京：中国广播影视出版社，2023.11
　　ISBN 978-7-5043-9131-5

　　Ⅰ．①建… Ⅱ．①张… ②刘… ③靳… Ⅲ．①建筑艺术—关系—文化研究②建筑艺术—关系—建筑设计—研究 Ⅳ．① TU-85

中国国家版本馆 CIP 数据核字（2023）第 214674 号

建筑艺术的文脉传承与设计构思

张丹萍　刘思源　靳晓东　著

责任编辑	王 佳	
装帧设计	马静静	
责任校对	张 哲	
出版发行	中国广播影视出版社	
电　话	010-86093580　010-86093583	
社　址	北京市西城区真武庙二条 9 号	
邮　编	100045	
网　址	www.crtp.com.cn	
电子信箱	crtp8 @ sina.com	
经　销	全国各地新华书店	
印　刷	北京亚吉飞数码科技有限公司	
开　本	710 毫米 ×1000 毫米　1/16	
字　数	223（千）字	
印　张	13.25	
版　次	2024 年 4 月第 1 版　2024 年 4 月第 1 次印刷	
书　号	ISBN 978-7-5043-9131-5	
定　价	68.00 元	

前　言

　　纵观人类建筑史,发现人类从远古时期的择山洞而居,到今天的摩天大厦,其间经历了巨大的艰辛与努力,但也成就了辉煌。简而言之,"建筑是凝固的音乐",它凝聚了人类几千年的智慧,展示出劳动者的创造力,镌刻着各民族文化发展的灿烂业绩,体现了人类物质文明和精神文明的不断进步。每一座不朽的建筑都蕴含了它独特的、丰富的情怀,每一座建筑也不可避免地烙上了时代的烙印。时代在发展,建筑也定会与时俱进,并在艺术的舞台上继续演绎它光辉灿烂、无与伦比的华美篇章。

　　在城市建设相对发达的一些欧洲国家,一方面古典建筑保护较为完好,使城市到处弥漫着悠远厚重的历史文化气息,另一方面代表当代最高建造水平,代表前沿建筑设计理念的现代建筑也巍然屹立。传统与现代激情碰撞,相互映衬,共同演绎。如何将建筑文化的历史信息全面而真实地记录下来,是一个重大的挑战。欧洲的建筑设计师,本着让人类诗意栖居的原则,牵着当代最新科技的手,走艺术化的路,力求通过从传统建筑艺术的辉煌中挖掘、吸纳,并充分发挥现代材料、技术、工艺手段的优势,进行深层次的结合,实现你中有我、我中有你,产生只可意会的感悟,这些成功的实践值得我们揣摩、学习。

　　本书共分为六个章节。第一章细致地阐述了建筑、建筑艺术的特点、建筑艺术的审美与规律以及建筑艺术的欣赏方法,使读者能够对建筑艺术有一个初步的了解。第二、三章围绕国内外建筑的发展文脉展开了叙述,其中第二章按照时间顺序分别分析了上古时期、奴隶社会时期、封建社会时期、中国近现代时期的国内建筑。第三章通过图例结合的方式描述了国外古代早期建筑、古典时期建筑、中世纪建筑、文艺复兴时期建筑、18—19世纪建筑以及现代建筑的发展情况,为读者勾画出了清晰的建筑艺术发展的历史轨迹。第四章阐释了建筑设计与地域文化、建筑风格与文化、建筑类型与文化、建筑技术与文化。第五章主要讲述建筑艺术的传承与发展,并对建筑艺术的发展趋势做了较为科学的分析。第六章从建筑设计的构思理念、设计表现、色彩表现等多个方面对建筑艺术展开描述。

本书从分析建筑艺术的相关要素入手,解析建筑艺术的美学规律,提炼建筑艺术的赏析方法,目的是引导读者学会"看建筑""品建筑""读建筑"。

本书内容涵盖中外古今的各种建筑类型,在此基础上选取经典建筑实例进行介绍,使读者对建筑艺术产生系统性的全局观。书中结构主次分明、体系完整,内容全面、语言平实、通俗易懂,始终把知识性内容放在首位,图片丰富,可增强趣味性。使读者不仅从风格特色、艺术成就方面来了解建筑,还可以从产生背景、细节特征等方面去加强对建筑的认识,从而更加了解各建筑身上积淀的丰富多彩的历史文化,有助于这些历史文脉的保护和传承。

本书在建筑艺术的文脉传承与设计构思方面具有重要意义和实践价值,作者在撰写的过程中参考和借鉴了大量的相关理论著作,虽然力求理论清晰、观点创新,但由于本人能力有限,在撰写时难免会出现不足和疏漏之处,还请广大读者批评指正。

作　者

2023 年 9 月

目　录

第一章

建筑艺术概述

　　建筑艺术是一门实用性与审美性相结合的艺术。从古至今,建筑师运用建筑艺术所特有的语言为我们勾勒、建造出各式各样的建筑物。这些建筑物不仅可以用来遮风避雨、防寒祛暑,还体现出了时代的变迁,具有鲜明的民族性和时代感。

第一节　建筑与建筑艺术

一、建筑

　　建筑是人类历史上的重要创造之一。人们最早搭建建筑物是用来遮风、避雨、防寒、祛暑,以便更好地生存下来,所以在早期,建筑物对人们来说最重要的是其使用价值。随着时代的发展与科技的进步,建筑的象征性与审美性开始进入大众的视野,比如,宫殿建筑(图1-1)便是权势的象征,而园林建筑(图1-2)则主要以观赏为目的而建造。

图 1-1 北京景山公园寿皇殿

图 1-2 同里古镇退思园

　　人类从远古时期的择山洞而居,到今天的大楼(图 1-3),其间经历了巨大的艰辛与努力,但也成就了辉煌。每一座不朽的建筑都蕴含了它独特的、丰富的情怀。时代在发展,建筑也定会与时俱进,并在艺术的舞台上继续演绎它光辉灿烂、无与伦比的华美篇章。

图 1-3　武汉黄昏高楼街景

二、建筑艺术

　　建筑（图 1-4）、雕塑（图 1-5）和绘画（图 1-6）是西方学者认定的三大艺术门类。在一般国内民众看来，后两者作为艺术门类是确定无疑的。建筑因带有明显的功能性，是否属于艺术似乎还有疑问和争议，但单从建筑的艺术表达方面来说，建筑作为艺术门类之一是顺理成章的。因为建筑本身有造型、线条、结构、材质等内在因素，又有光影、轮廓、装潢、面饰等外表特征，所以建筑的艺术性不容置疑。从审美认知分析来看，即从表现形式的维度而言：绘画为二维艺术，雕塑为三维艺术，建筑为四维艺术。对建筑的体验和欣赏要有一个时间过程，在行进中从外部进入内部，又从内部回到外部，才能达到审美过程的完成，所以建筑也可称为时空的艺术。因而对建筑的艺术表达也必须思考建筑这一时空的特点，在体会和考察中动态地寻求合乎建筑本身逻辑的表达方法。

图 1-4　上海 CBD

图 1-5　大卫雕塑

图 1-6　蒙娜丽莎的微笑

"建筑"和"建筑艺术"是紧密相连的,既没有单纯的"建筑",也没有单纯的"建筑艺术"。

三、建筑艺术的价值

（一）具有社会交往功能

这里的社会交往功能并不仅仅指的是沟通、交往,而是从广泛意义上指建筑艺术的社会功能。包括道德教化、群体意识、沟通协作等。

首先,在道德教化方面,建筑艺术因为具有感染力的感性形式,往往能够在情感深处打动人心,这也就意味着建筑艺术会影响人们的政治态度。另外,优秀的建筑艺术可以使人眼前一亮,净化人们的心灵,继而在道德上也会影响人们成为一个对社会有价值的人。

其次,在群体意识方面,建筑艺术是一个民族共同的情感记忆,是维系一个民族长久发展的心理纽带。建筑艺术可以唤醒学习者刻在骨子里的基因密码,在长久的积累之后,最终能够形成一个民族的情感向心力。

（二）具有人文关怀功能

建筑艺术是艺术在我们每个民族的土壤中所生长出来的专属馈赠。从艺术最开始的诞生来说,它的出现来自人类一定程度上无意识的创造。可以说,艺术是人类摆脱种种异化和束缚,表达"自我意识",追求自由境界的产物。在艺术的创作和鉴赏活动中,人们能够获得一种绝对纯粹、绝对无价值又绝对无功利的共鸣,将自己对生活的领悟融入其中,艺术的美又能带领主体超越世俗的批判和价值,从而在最根本的意义上观照自我的生命。这种"超越"是人作为人,作为生命,最为精彩辉煌的确证。

建筑艺术可以说是"生命的形式"。建筑艺术在画面上具有的无数强度层次都是对我们心灵感知的生长、变化的投射。从一种感知状态向另一种感知状态的转向,从缓缓的突然调节到跳跃,其中细微的差别都可以在绝妙的建筑中反映出来。建筑艺术也是一种生命,是艺术家思想和建筑细节之间天衣无缝的汇合。建筑艺术帮助我们表达了内心的状态,让我们的情感得以显化,它支持我们的见解,又从最生动、最真诚的地方引导我们反观自己的见解。

一个人认识自我的过程来自他改造世界的实践过程,来自他在实践过后产生的创造物。但人对自我的确证感,不只是这个创造物所能够给予的,还必须诉诸人自我的内心感觉体验。人只有在自己内心中感受到幸福感涌动的时候才能说真正得到了幸福,同样,自由也是如此。人不仅为劳动实践之后获得的劳动产品而感到内心的喜悦,更是要在自己的劳动过程中体验创造的快乐。真正的劳动在本质意义上讲一定是具有创造性的愉快体验,能让自己的体力和智力都得到自由的、富有创造力的发挥。但从实际来说,现在社会的劳动模式和流水线下的劳动条件,很难使每个人都在劳动过程中发挥创造性,可以说,只有很少一部分人才能在劳动过程中观照自身的创造力。但是人的自我确证的感觉也是精神生活中所不可或缺的一种体验,所以,人们为了寻求这种确证感,就必须在艺术上为自己打造出可以映照自我真实面目的"镜子"。其中建筑艺术是非常重要的一面镜子,建筑艺术殿堂中的来客,不管是建筑艺术的创造者还是建筑艺术活动的鉴赏者,都能够在这个过程当中发挥自己的想象力、感受力和理解力。

同时,建筑艺术还存在于人的相互认识之中。人具有社会性,这种社会性不仅意味着人在群体中生存,而且意味着人对自我的认知来自与更广阔的他人之间的联结。建筑审美虽然大多数情况下都是在个人的观赏之中进行的,但建筑艺术美育是在这个潜移默化的过程中进行的。

建筑艺术记录了从过去到现在人类生活的多个时期的场景,是人类文明中鲜活的资料库,也是蕴藏着丰富文化信息的地方,建筑艺术在过去除了给人们提供避风港和传递建筑艺术之外,也给人们带来了生动的历史文化知识,让人们对这种知识产生了独特的感情,这是多少宣传都无法做到的,但在建筑艺术的氛围中是可以实现的。

第二节　建筑艺术的特点

一、建筑是空间的艺术

众所周知，建筑可以被形象地形容为空间的艺术，这也是它最为明显的特点之一。建筑实际上是由两部分构成：一部分是实体部分，如墙壁（图1-7）、屋顶（图1-8）、天花板（图1-9）和地板（图1-10）等，这部分是我们看得见摸得着的；另一部分是由这些实体围合在一起而形成的空间。其实人们普遍陷入一个误区，认为建筑的主体是这些实体部分，然而事实上，这些实体部分围合成的那些具有使用功能的内部和外部空间才是建筑真正的主体。

图 1-7　墙壁

图1-8　古代建筑屋顶

图1-9　北京大兴国际机场中央天花板

图1-10　木地板

　　桥梁、拱廊、凉亭和其他建筑,虽然没有我们熟悉的建筑那样具有内部空间,但它与周围环境的结合创造了户外空间。例如长沙湘府路大桥(图1–11)、比利时布鲁塞尔拱廊(图1–12)、雁荡山景区凉亭(图1–13)、集贤亭(图1–14)、以纪念柱为中心的罗马图拉真广场(图1–15)等。我们是用由它们及周边其他建筑和环境围合所形成的空间,实体建筑成了人们互动的借体甚至成了室外环境中的背景。

图 1–11　长沙湘府路大桥

图 1–12　比利时布鲁塞尔拱廊

图 1-13　雁荡山景区凉亭

图 1-14　集贤亭

图 1-15　罗马图拉真广场

二、建筑是综合性的艺术

建筑涉及经济、技术、艺术、哲学、历史等各类学科,作为一种文化,它具有时空和地域性。不同国家、不同民族、不同生活方式和生产方式都在影响着人们的居住意识和居住行为。

不同社会观念的人对建筑有不同的要求。例如,在中国,大多数信奉孔子的汉族人都注重礼仪和规则,建筑也不例外。宫殿和寺庙,以及官方和民用住宅,都以绝对对称的方式排列在轴线上。所有重要的建筑都位于中轴线上,以反映居中为尊的理念。例如,民居住宅不是三间,就是五间、七间,都是单数的。中间是大厅,左右各部分相等。图 1-16 和图 1-17 分别为对称布局的故宫和河南洛阳应天门遗址博物馆。

图 1-16　故宫

图 1-17　河南洛阳应天门遗址博物馆

　　然而,中国部分少数民族的建筑是不对称的。例如,西藏的布达拉宫与红山的地形相结合。图 1-18 为不对称布局的布达拉宫。宫殿以鲜艳的色彩与自然相融,具有与山河共存、与天地共存的精神,图 1-19 为色彩鲜艳的布达拉宫。

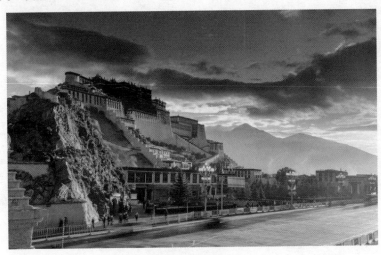

图 1-18　布达拉宫(1)

图 1-19　布达拉宫(2)

　　建筑是社会的剪影。从建筑身上我们可以感受到多种知识的共存。正是因为世界上各种各样风格的建筑的存在,我们才会感受到人类的智慧和自然的奥妙。

三、建筑具有技术和艺术的双重性

　　建筑物的技术性质是显而易见的,建筑物首先要考虑安全。此外,照明、通风等方面的实际需要也要做好规划,这就需要技术方面的支持。建筑物除了技术性外,另一个重要的性质便是艺术性。不过,不同类型的建筑对科学和艺术的要求有所不同。例如,宫殿的建筑最重要的是反映皇权至上,所以它对舒适度和人性化的要求相对较低。龙椅(图1-20)并不是舒适的坐具,大殿庄严有度而欠亲和,这和民居中的厅堂给人提供的感受完全不同。

图 1-20 保和殿龙椅

之所以又称建筑是一门艺术,是因为它具有艺术的特征,主要表现在以下几方面。

第一,建筑的形象。

建筑的形象是由各种结构和形状所反映的建筑的外观。自古以来,许多优秀的建筑师通过对空间、线条、色彩、纹理、光影的巧妙运用,创造了大量美丽的建筑形象。北京位于天坛主干道的祈年殿(图 1-21)就是一个典型的例子。从建筑造型上看,祈年殿是中国建筑中构图最完美、色彩最和谐的代表。

图 1-21   北京天坛祈年殿

第二,建筑的文化属性。

(1)建筑具有民族性和地域性。不同地区由于气候、地理、文化等条件的不同导致建筑具有地域性,同样,不同的民族建筑形式也各不相同。图 1-22 为云南西双版纳傣族自治州人们通常建造的房子。图 1-23 为壮族人们居住的房屋。图 1-24 则为经常出现在草原上的蒙古包。

图 1-22　云南西双版纳傣族自治州建筑

图 1-23　壮族民居

图 1-24　蒙古包

（2）建筑的历史性和时代性。不同历史时期的建筑形态存在较大差别,现代建筑与古代建筑的差别则更为明显,图 1-25 为传统古典建筑,图 1-26 为现代住宅小区。

图 1-25　传统古典建筑

图 1-26 现代住宅小区

需要强调的是,作为一种艺术,建筑显然不同于通常用于观察的绘画和雕塑艺术。建筑与它的使用需求密切相关,建筑的坚固性必须考虑在内。要评价一个建筑的艺术性,不仅要看它的形状和装饰是否美观,还要看它是否达到了实用、坚固和美观这三个要素的统一。比如河北省赵县的赵州桥(图 1-27、图 1-28),外形优美,节约工料,被公认为是"实用、坚固、美观"三者完美统一的杰作。

图 1-27 赵州桥

图 1-28　赵州桥桥面

第三节　建筑艺术的审美与规律

一、中华民族的审美心理特征

（一）综合多维感受

　　"美"本身就是一个优美的汉字,在中华民族的观念中——"羊大为美",从这个字的说文解字来看,中国人的"美的观念"具有很强的现实功利性,另一方面也证明,饮食等日常生活并不只是满足生理上的需求,同时也为人们提供了精神上的美感。美是"整体",是一种通感联觉,是视觉、味觉、听觉等所有感知途径的复合体。所以中国的美学注重的是五官的整合,不在意图形、色彩、线条、音高、音值、节奏等具体单独的审美信息。

（二）以虚代实

西方的格式塔理论可以解释许多美学与心理学相交之处的现象。格式塔文艺理论非常强调作品的秩序感，这种秩序感是可感知的，具有某种实体意义。不管是对视觉艺术还是对听觉艺术来说都是如此。但对中国人来说，不是这样，在中华民族的审美观念里，完形之后的对象并非具有一种可以感知实体的意义，而要有虚空参与其中，整个对象中包含了作品中所未见的虚空。这种"虚空"来自"气"，"气"存在于万事万物之中，是精神本质性的构成部分，是物与物之间相互转化的动力。例如，面对同一片大海的时候，西方画家会倾向于表现波涛汹涌的壮观场面，而中国古典画家则会更倾向于关注其浩渺的水面和一望无垠的空寂，寄托对人生宇宙的感慨，这就是"以虚喻实"。在音乐中，一曲音乐终了，其中的悠扬余声依然是这一乐曲的一部分。对中国的古典美学来说，还有更高的一个层次，那就是"均等"，因为有着"气"的融会贯通，有和无、实与虚都是一样的。

在中国人的古典审美中，整体就是整体，整体以它的完整存在和生命精气来诉说，整体不能片面地进行把握和分析。一朵花与生长它的树是一体的，当这朵花被从树上采下来之后，此时对它的分析观察是无力的，因为这朵花已经不再是原来的那朵了。

（三）中庸的情理调和

中庸的处世之道不仅潜移默化地渗透在中国人的日常生活当中，而且也活在艺术鉴赏的美学思维当中。"中庸"是由中华民族在长期的历史传承和生活实践当中积累下来的认知世界、与世界相处的一种方法。

中庸在我们民族的哲学中意味着对适当性和平衡性的追求，力图达到一种和谐的境界。这是人与自然的和谐，更是人与人之间的和谐。中国人在处事方式上不极端、不偏激，追求一种不偏不倚的态度。这是中华民族的一种大智慧，是一种非常实用的处世哲学。

（四）实用的审美态度

不可否认,美有着实用的背景,也在一定程度上为实用性服务,这在世界范围内都是如此。这种功利性的审美态度从出发点来看,是"美善同一"的思想在美学领域的折射,也是人们在漫长的生活过程中的实践总结。

二、建筑艺术的审美

从审美观的角度看,审美可以分为大众审美和个性审美,大众审美与个性审美是对立统一的。追随社会主流趋势的审美被冠名为"大众审美"。这并不是说主流审美是不好的或者失去特色的,正相反,主流审美之所以被大众接受,正是因为它满足了人的全面发展的一些特质,能够被大多数人认同。同时,个性审美作为小众群体的审美观也并非"非主流",它需要时间和精力去与"主流"磨合,让社会大众发现属于它的闪光点。而无论大众审美抑或是个性审美,其在艺术上的表达经常体现在建筑艺术作品的选择上。

就艺术的本质来说,任何形式的审美创造都应该是独特的,每个建筑艺术作品也都应该是不同于其他人、不同于自己的,且是新颖的。这是因为艺术家的审美创造应该是建立在自己独特的审美认识基础上的,有他自己的审美个性。同时,他自己的审美认识也会随着时间的发展而不断变化,因此与自己以往的创作也有所不同。

（一）建筑的体量美与环境美

与绘画、雕塑和工艺美术相比,建筑体量很大。美学家李泽厚评论说,建筑艺术的质是由量决定的,它巨大的形体美学影响远远超过普通的工艺品。同时,建筑不是独立于环境的,它会与周围环境进行对话。不同地区、不同时期的建筑可能表现出不同的地方文化特征。在当今社会,对一位优秀的建筑师来说,必须延续过去,走向未来,创新性地设计符合当前环境的作品。中国古典园林建筑(图1-29)长期以来非常重视建筑与环境的关系，注重两者的融合。著名的中国四大名园之一留园景区（图 1-30）、雅典卫城（图 1-31）、长沙岳麓山爱晚亭（图 1-32）等也都以鲜明的环境艺术特色成为人类宝贵的建筑遗产。

图 1-29　江南园林

图 1-30　中国四大名园之一留园景区

图 1-31　雅典卫城

图 1-32　长沙岳麓山爱晚亭秋景

（二）建筑的性格美与风格美

　　建筑性格是指不同类型建筑的不同功能的外部表现。一个有个性的建筑不仅可以以适合其基本功能需求的形式表达自己,还可以清楚地告诉我们它的作用。例如,文化娱乐建筑（图 1-33 至图 1-36）给人一种丰富、美丽、新颖、别致的感觉;学校建筑（图 1-37、图 1-38）给人一种明亮的感觉;办公楼（图 1-39）给人一种严肃的感觉;优秀的住宅建筑表现出强烈的生活感,给人一种舒适和稳定的感觉;纪念性建筑给人一种丰富的文化内涵和独特的个性感。当然,表达建筑特征的方式有很多种,最常见的方式是形式服从功能。

图 1-33　深圳音乐厅

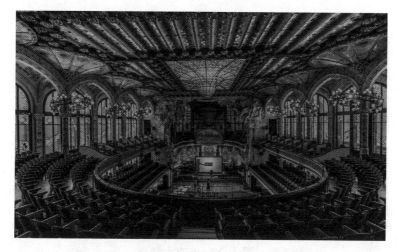

图 1-34　巴塞罗那旅游景点加泰罗尼亚音乐厅

图 1-35　艺仓美术馆螺旋石阶梯

图 1-36　上海剧场

图 1-37　东京大学

图 1-38　上海华东政法大学教学楼

图 1-39　广州国际金融中心

（三）建筑的色彩美与质感美

1. 色彩与感受

色彩是建筑设计的关键点，因为人的视觉感受就是人对看到的事物的第一反应和感觉。

反应是一个特定的过程：眼睛捕捉到颜色后，人脑以非常快的速度做出反应，然后大脑结合人类的性格、经验和情绪，进行一系列分析，获得各种心理感受。因此，生理学与建筑设计、设计和色彩工作紧密相连。如果不使用或不正确使用颜色，设计工作的重要性就会大大降低。建筑室内设计的目的是创造适当的环境体验和其他身体和心理体验，特别是环境中人的感受，这是室内刺激情感的媒介。

在现实生活中，画面在情感层面上的色彩其实非常丰富，建筑装饰非常重要。具体影响体现在以下方面。

（1）创造空间感。创造空间感意味着在平坦空间中创建物体之间的关系，例如长度和大小，无论是虚拟的还是真实的，以提供分层的三维感觉。基于几何视角和空间视角构建空间感。在建筑设计中，设计师可以根据颜色的特点来改变人们的心理影响。

然而，在使用它们之前，我们需要尽早设计联想，并根据人们的感知和心理联系考虑不同颜色的表现。例如,红色、棕色和其他温暖、高饱和度的颜色代表温暖有节奏和其他情感色彩,适合建筑使用。

（2）心理练习的重要性是人们心理影响的颜色。建筑的颜色可以通过视觉穿透人脑,也就是说,它打开了感知的第一个视觉表现,以及留在大脑中影响活动的个性、情感、经验和其他因素。在这样的背景下,就像建筑设计师一样,我们必须理性地使用色彩因素来对人们的心理时间感产生影响。常见的颜色会影响时间感:红色可以刺激快乐的感觉,它可以刺激火热的情绪,因此,它更适合在肯德基等快餐店和其他公共室内装饰场所使用,并使用这种颜色让顾客感到高兴,增加食欲,加快心理时间。蓝色给人一种放松和舒适的感觉,给人一种短暂的感觉。这种颜色更适合在学校、办公室、会议室和其他地方使用。室内使用蓝色装饰可以减少人们的心理时间感,充分减少抑郁感,加快时间,提高员工效率。

（3）改善温度感。改善温度感是指感觉到颜色的人感到的寒冷温度。在某种程度上,颜色可以与空调相比较,因为研究表明,颜色不仅可以营造一种环境氛围,而且可以产生心理温度效应。冷色调和热色调会带来 $2℃ \sim 3℃$ 的心理温差。因此,在颜色匹配的情况下,建筑设计师需要认识到温度与人类心理之间的关系,在设计中根据室内的具体情况改变室内装饰的颜色比例。例如,背光暗侧的灯光会使用橙色、黄色等颜色,让人感觉到温暖的装饰色彩,增加室内照明点,提高亮度。

同时,它打破了空间的灰色和寒冷感,提高了房间的亮度和温暖度。在阳光下,可以使用灰色、蓝色、紫色等冷色调来减少室内光线的反射,降低极高的亮度和心理温度。

2. 色彩心理学在建筑设计中的应用方法

（1）充分考虑不同民族的色彩心理差异性

色彩心理是由色彩引发的人的心理、生理反应和变化,进而做出不同的生理表现。这导致了性格观念、偏好和其他不同的心理特征,甚至影响了个人心理,心理色彩会有所不同。

例如,红色在中国是一种节日色彩,代表着胜利、激情、能量和积极等美丽词语。在中国,春节和婚礼当天,人们会用红灯笼来表达喜悦和幸福的感觉。同时,许多室内装饰也是红色装饰,其中有"中国红"一词。然而,在许多西方国家,人们认为红色是"残忍"和"血腥"的同义词,具有冒犯性的力量。因此,在设计彩色室内装饰的过程中,我们需要考虑不同民族颜色的心理特征,并正确使用。

（2）尊重空间环境变化对色彩心理的影响效用

在现实生活中,不同空间环境的变化会导致心理颜色的不同变化,最终导致心理和行为的变化。建筑设计依靠室内设计来实现功能要求的目的。因此,当设计空间室内装饰时,首先必须对用户的心理有初步了解,对空间功能有渴望,了解房间的主要功能和设计。

由于不同的房间用途不同,因此,在设计中,应充分考虑员工的要求,并提供适合颜色的工作环境,如灰色、蓝色和冷色。

（3）将受众年龄、性格等个人特征对色彩心理的影响融入设计中

种族心理学的差异在于肤色,不同年龄段的目标群体具有不同的特征,不同性别的人有不同的偏好。作为一名设计师,在设计中应该考虑性别对自我颜色的影响。一般来说,男性喜欢灰色,所以建筑室内设计则多选用灰色,房屋装饰变化较少。相反,女性喜欢更高、更漂亮的内部饱和度匹配颜色。随着丰富的生活经历以及人们心态和情绪的变化,影响心理反应颜色的因素也会发生变化。

因此,不同年龄段的人对颜色的偏好不同。随着孩子们的长大,他们通常喜欢红色和其他鲜艳的颜色。最好的组合可以创造出活力以及积极向上的色彩。年轻人更喜欢鲜艳的颜色,中年人更喜欢温暖或更成熟的颜色,老年人更喜欢暖色调的装饰,因为冷色调会带来孤独感。在这种背景下,室内设计师可以分析性别和年龄,找到正确的设计起点。

现代建筑设计包括越来越多的内容,如哲学、心理学和美学。设计师需要将室内结构与光线相结合,以改善室内环境的质量。在建筑设计中,光线与室内空间的有效融合可以通过光线角度设计、背光等实现。要实现目标,设计师需要提前规划和思考,以改善视觉环境的设计效果,从而提高室内的质量。在满足照明要求、改善室内照明、提高光饱和度、营造温馨舒适的照明环境和室内环境的前提下,这对居住在室内的人们的心态会产生积极的影响。

建筑的色彩设计是取得建筑艺术效果的重要手段之一,建筑的色彩效果一般通过建筑装饰来完成。如图 1-40 和图 1-41 分别为以红色为主的古建筑和红砖美术馆,它们通过鲜艳的色彩展现出强烈的艺术表现力。而不同的建筑材料呈现出的独特质感也可赋予建筑不同的艺术特色。

图 1-40　北京恭王府

图 1-41　北京红砖美术馆内部

三、建筑艺术的审美规律

（一）对称与均衡

平衡对称的构图很容易达到稳定的效果,因为它符合力学知识,能给人一种心理平衡感。在某种意义上,建筑艺术是建立在左右对称的基础上的。在现代,对称而平衡的构图被认为是现代建筑艺术发展的基石。然而,对称式并不局限于古典时期,至今仍被广泛使用。

对称的建筑有明显的对称轴,在对称均衡的建筑构图中,门厅经常被用作构图的中心。与对称均衡的概念相比,稳定性对重力和心理因素来说更加重要。一般来说,有小顶部和大底部、轻顶部和重底部的建筑是稳定的,金字塔式的建筑结构更受欢迎,这就是为什么传统的中国建筑通常有石头底座和台阶。

现代技术可以用来建造倒金字塔式的建筑,也可以建造具有上大下小、上实下虚、上重下轻或动态感觉的建筑。这应该是均衡和稳定概念的另一种应用。

（二）比例与尺度

构图建筑的比例和尺度是指各部分之间的比例关系。某些物体是人们非常熟悉的。因此,在设计中,实际尺寸必须与人们印象中的尺寸一致。适当的比例和尺度是设计师必须注意的基本设计原则之一。比例感和尺度感虽然是构图中最基本的要求,但需要花费大量的心血才能达到。

（三）统一与变化

统一是古典建筑美学的最高原则,它要求各方和建筑整体的关系主从有序,细节和装饰元素与主题相协调,建筑材料的纹理和颜色和谐,并确保完整性和一致性的使用功能。同时,形式和内部结构也要合理。此外,建筑环境中城市和地区也必须有一个完整和统一的景观。

建筑构图追求的变化,是在统一中寻找变化,在变化中捕捉统一,包括逐渐变化和突然变化,突然变化形成对比效果,逐渐变化形成轻微差异效果。建筑中的对比是指相同的性质,但有明显的差异,如高度、重量、水平和垂直之间的关系。微妙差异是指颜色、尺寸、形式等细微差别。

建筑设计实践中,对比和微差的价值取决于其组成的贡献对建筑整体的效果。在什么情况下应该展示并关注这种关系,以及在什么情况下,这种关系应当放宽条件。特别是由于尺寸的差异,它的应用往往受制于实际要求,如建筑元素的标准化和模块化,以及建筑的经济性,而不是艺术效果。

第四节　建筑艺术的欣赏方法

一、建筑艺术欣赏的过程

建筑艺术欣赏的过程与建筑艺术创作的过程是相反的,它是我们从通过感知捕捉的形式层面寻找抽象意义的内涵层面的回顾过程。该过程大致可分为四个阶段,呈层层递进关系。

艺术作品由内涵和形式两个层次组成,即我们用知觉捕捉物体时的潜在层次和表面层次。因此,艺术欣赏就是对这两个层次的全面理解和评价。在欣赏过程中,两者并不是分开的,在讨论某一细节时还必须考虑到总体情况,以便进行有意义的欣赏。另一方面,在对作品整体的性质、意义和价值进行深入欣赏时,对每个独立部分的具体分析和讨论是对作品进行深入和准确理解的基础。可以看出,欣赏美术作品的过程也是二律相悖的过程。

(一)简单描述阶段

在艺术鉴赏的简单描述阶段,主要是感官感知和捕捉作品的形式、形象等方面,即从感性直观的描述开始。感觉和知觉是这一阶段所依赖的最基本的心理因素,特别是基于感觉的知觉是对作品每个部分之间的关系的全面把握,是对整体的反映。感知是主动的、有选择性的,对作品颜色、线条、形状和纹理等元素是抱有理解的心态,而不是简单地将它们组合在一起。

在简单的描述阶段,观者对作品有一种直观的印象,从而构建出一个可供继续审美的对象,在这种情况下,各种感觉器官被充分激活,使用直观、直率和简单的观察方法来获得新鲜的审美快感。这个阶段非常普遍,许多建筑欣赏者都可以做到,倘若再深入一层就到了建筑鉴赏的形式分析阶段。

（二）形式分析阶段

只是经过简单的初步描述是无法揭示优秀、经典的建筑物背后的丰富意义，就好像冰山的一角隐藏着一个巨大的水下部分。在这种情况下，参与欣赏过程就需要用到理性思维，逐步深化第一个阶段的认识过程。形式分析就是这样一个过程，它需要运用建筑艺术欣赏的特殊规律，结合欣赏者的审美能力共同产生作用。建筑艺术作品是人类智慧的结晶，有自己独特的创作技巧和规律，只有充分理解作品形式及相关背景知识，才能超越艺术欣赏的感知阶段，进入更深层次也更加具有挑战性的内在意蕴中，才能给观者带来更加愉悦的审美体验。分析局部与局部、局部与整体的关系，以及将各种艺术元素组织成一个整体的原理所在。最后，在形式分析阶段，有必要对建筑的风格有一个完整的了解。

（三）意义解释阶段

在对建筑艺术作品进行了简单描述阶段和形式分析阶段后，欣赏就要更深一层，进入意义解释的阶段。在这个过程中，观者的主观性得到强化，在对作品形象进行感知和分析的基础上建构理解。在前两个阶段，作品主动向观赏者输出信息，观赏者处于相对被动接受的状态。因为作品是外部形式和内部意义的综合，要想全面欣赏必须深入作品的深层，必须使观者和作品间产生交流，让作品的外部现实和观者所揭示的内在现实相互印证，使人的内在现实外化为对象性的存在。

意义解释是观者对建筑艺术作品的再创造，因为理解体验具有认识论的意义，是每个个体根据自身的心理条件、审美经验和情感需求等做出独特的解释，这也导致在评价和欣赏建筑艺术作品时会产生明显的差异和不确定性。所谓的"一千个读者心目中有一千个哈姆雷特"就是对这一规律最好的诠释，即同样的建筑艺术作品在不同的欣赏者视角下形成了独特的个人审美心理。在欣赏中解读原作者的创作原意时是允许产生差异以及有限程度上的误解，但绝不允许不受限制的自由想象。因此，为了实现个体的重建想象与原作者的创造性想象的统一，观者必须具备一定的背景知识。在意义解释的阶段，有必要考虑环境、文化、社会、宗教、政治、经济等基本要素与作品之间的关系。此外，还应要重视作品的内涵,多从创作者的性格、思维和创作艺术视野等角度来理解作品,这就涉及作品的主题、概念等方面。通过对上述元素的深入研究,鉴赏者在建构自己精神世界的过程中获得了极大的心理满足和审美愉悦,并在理性思维的指导下达到了更高的鉴赏水平。

(四)价值判断阶段

建筑艺术欣赏活动的最后一步就是对艺术作品进行价值上的判断,即利用上述提到的知识和概念对作品的品质和价值做出符合美学规律的解释,这种判断是不同的、多样的。

二、建筑艺术欣赏的意义

建筑艺术鉴赏是人们对建筑艺术作品的鉴赏。关于作品和观者的关系有很多不同的观点,大致有以下三种:一是由古希腊哲学家柏拉图提出的观点,他认为作品占据主动,它影响和决定着观者的态度和感情;其次,还有人认为观者是活跃的、主动的,作品的地位屈居于观者之后;最后,有一种观点认为作品与观者两者之间的关系是互动的,作品对观者有一定的规定性,这是由作品本身决定的,同时,观者对作品的感受和理解是活跃的、能动的,这取决于主体本身。经过分析,我们可以看出第三种观点是更为科学且符合现实的。

建筑艺术创作和建筑艺术欣赏之间存在着相互运动,它们互为手段、互为媒介,相互创造并相互促进。建筑艺术创作限制着建筑艺术的欣赏,它为艺术鉴赏提供了材料,没有创造,欣赏就没有主体。但同时,建筑艺术的欣赏也受到建筑艺术创作的制约,正因为欣赏替艺术作品创造了主体,艺术作品有了鉴赏者才能算作是艺术作品,艺术作品只有通过鉴赏才能完成。因此,对艺术的欣赏是把运动中的物体和主体联系在一起的活生生的纽带,就好像一部小说如果没人翻阅只是摆在书架上,那它就只是可能性的文艺作品,没有什么意义,建筑艺术作品也是如此,没有欣赏的创造就失去了它应有的价值和作用。

建筑艺术鉴赏是理性的情感活动,是在审美环境中感受和理解建筑艺术作品的复杂心理过程。对艺术的欣赏也是人们欣赏自己、欣赏美的能动和受动。一般来说,建筑艺术鉴赏的能力是在艺术主体的生活经验和实践的基础上形成的。这种经验和实践如营养元素的积累一样，会在之后的鉴赏活动中自然地流露出来。无论何时，生活经验都是建筑艺术鉴赏的根源和土壤，也是具有高超鉴赏能力的主观前提。"读万卷书，行万里路"是促进艺术创作简单、实际的方法，也是锻炼鉴赏能力的有效途径。

当然，接触艺术并不等同于会欣赏艺术，欣赏是需要基于知识和鉴赏经验的，特别是丰富的艺术创作和艺术鉴赏经验进行的。马克思说过，感性应该是一切科学的基础。科学总是始于感性意识和知觉的需要。艺术鉴赏能力的提高取决于持之以恒的鉴赏实践，只有努力提高个人的艺术视野，才能找到真正艺术境界的幽胜，享受到艺术带给我们的甘甜体验。

在广大的人群中，人都是有个体特色的，每个人都有不同的人生道路、不同的经历和教育水平，自然对建筑艺术的感兴趣程度也不同，这就构成了每个人不同的心理结构，因此个体之间存在差异是再正常不过的事。在欣赏美术时，不同的人会受到这种先在心理结构的制约和影响。

从不同的条件角度来看，鉴赏群体可以分为圈内与圈外，也就是专业与非专业的区别。专业鉴赏群体可以分为从事某一建筑艺术形式的建筑家、评论家等；而非专业的鉴赏群体则可以分为具有高素质文化和艺术文化的群体以及普通百姓。从鉴赏（接受）群体的专业化和非专业化角度来看，还可以分为创造型和娱乐型、主动型和被动型、针对型和随意型等几类。既然鉴赏群体有专业与非专业的区别，就表明了群体中的审美水平有高低之分，所以导致了群体的构成也更复杂多样，倘若要求普通的鉴赏群体在美术鉴赏过程中朝建筑艺术家看齐和适应是必然达不到的。从鉴赏主体的角度来看，要正确地鉴赏建筑艺术作品首先就要对所该建筑艺术作品有一定的了解，如具有一定水平的知识、历史经验、认识深度，并对创作主体的背景、内涵、手法等综合知识全面把握。如果鉴赏者和创作者之间的意识形态差距过大，那么鉴赏者在对作品所包含的艺术精神没有基本理解的情况下，是无法欣赏作品的，不仅如此，如果鉴赏者无法欣赏和理解某个建筑艺术作品时，他们大多会持否定、嘲笑、讽刺的态度或言论来评判该作品。实际上，此时鉴赏主体应该冷静下来，从创作主体的角度进行思考，并与创作主体进行沟通，想想自己是否在用旧的经验来欣赏新式的建筑艺术作品？他们的作品是不是毫无可取之处？他们创作的动机和想法是怎样的？等等。

三、建筑艺术鉴赏中的多元审美现象

在建筑艺术鉴赏的审美再创造过程中，存在着复杂而矛盾的心理现象。对同一件建筑艺术作品的鉴赏可能会导致不同的鉴赏结果产生，甚至可能会得出完全相反的审美结论。可以简单归纳为以下两种情况。

（一）多元化与同步化

从宏观角度来看，来自同一时代、同一文化背景和同一国家民族的鉴赏群体总是会呈现出同步化的审美倾向。这是因为在同一时期背景下创作的建筑艺术作品通常具有这一时期的基本共同特征，这些作品的相似性或共同性导致了鉴赏主体有着同步化的倾向。

（二）传统型与思变型

在建筑艺术鉴赏的过程中，审美主体通常会呈现出两种截然相反的审美心理：一种是传统的审美心理，另一种是变化的审美心理。传统的审美心理有一个经验参考框架，即在建筑艺术鉴赏过程中这些鉴赏群体所表现的审美习惯是基于一定模式的。这种鉴赏习惯是程式化的或带有某种倾向的，它更像是传统鉴赏的一把剪刀，凭借旧有的审美体系去裁剪各种建筑艺术作品。相反，建筑艺术鉴赏的另一种审美心理是变化思维，它是基于对审美主体的审美体验革新的期待，随着时代的变化和国家的相互融合，艺术趋势和艺术作品呈现出多样性和互补性，这也改变了人们的艺术欣赏方式和审美习惯。实际上，多样、奇妙的建筑艺术时代催生出了新奇、多样的建筑艺术鉴赏模式。

在建筑艺术创作和建筑艺术鉴赏的生产过程中，往往会出现毁誉参半的尴尬状况：一方面，我们不断要求美术创新者革新，扩展他们的思想和思路，选择非传统的新材料、新构图和新颜色。但是，另一方面，当我们欣赏到非常有创意的新作品时，却总是在用一把由旧的标准、思维、惯例制作的剪刀去剪裁这些创新的、令人惊喜和新奇的建筑艺术品。长此以往，这种建筑艺术鉴赏将永远追赶不上时代的要求。这种审

美倾向是保守的,其缺点是总追随在建筑艺术创作之后,每当出现史无前例的新建筑艺术作品时,传统、保守的鉴赏群体都会感到惊讶,并对其进行批判。

四、建筑艺术欣赏方法

(一)建筑单体欣赏与环境欣赏相结合

建筑不是独立存在的,而是位于特定的环境之中,和它周围的环境融为一体的,甚至一些建筑必须依靠特定的环境才能形成自己独特的、让人印象深刻的形象。例如,灵隐寺(图1-42)、白马寺(图1-43)等千年古寺必须在峰回路转、青松翠竹的掩映下才显得幽雅清静,若把它们搬到现代城市中,就失去了原有的韵味。所以,我们在欣赏一些建筑时,要把建筑单体与它所处的环境相结合。

图1-42　杭州灵隐寺

图 1-43　洛阳白马寺的钟楼

（二）局部审美与整体审美相结合

　　建筑艺术的形象一般由建筑物的体块组合、比例关系、结构形式、空间组织等构成。建筑的外部装饰常有柱头（图 1-44）、飞檐（图 1-45）、石雕（图 1-46）、木雕（图 1-47）、壁画（图 1-48、图 1-49）等，这些装饰要素是建筑形象的有机组成部分，它们应该与建筑形象保持内在一致，并从造型和色彩上丰富和发展建筑的艺术构思，使建筑形象锦上添花，增加艺术感染力。因此，欣赏建筑艺术要看建筑的整体是否和谐统一。

图 1-44　爱奥尼柱头

图 1-45　飞檐

图 1-46　石雕

图 1-47　古建筑雕刻

图 1-48　意大利佛罗伦萨圣母百花大教堂大圆顶壁画

图 1-49　埃及卢克索帝王谷女王神庙壁画

（三）感悟建筑形象的象征意义

建筑艺术通常借助象征意义来体现其审美意蕴,在感知建筑形象的同时,我们可以将建筑形象人格化,使其具有人性化的情感和人性化的活力。例如,当我们欣赏一些高耸入云的建筑时(图1-50、图1-51),我们会有一种进入天空的感觉;当我们欣赏那些富有稳定感的建筑时(图1-52),我们感到一种庄严的气氛;当我们欣赏奇特的建筑时(图1-53至图1-56),我们会感受到它的活力,自然而优雅。当然,建筑艺术欣赏中的同理心只能根据建筑艺术的特点合理地想象出来,绝不能是异想天开、违背艺术欣赏规律的。

图1-50　应县木塔释迦塔

图1-51　法国埃菲尔铁塔

图 1-52　人民大会堂

图 1-53　悉尼歌剧院

图 1-54　新加坡艺术科学博物馆

图 1-55 川美美术馆

图 1-56 深圳当代艺术展览中心

总之,在欣赏建筑艺术的过程中,欣赏者应充分调动自己的想象力和情感,积极主动地进行审视,只有这样才能更好地领悟建筑艺术之美。

第二章

中国建筑发展文脉

中国建筑发展历史悠久，可以追溯到早期的原始建筑。经过漫长的发展，中国逐渐形成了独具特色的建筑文化，包括宫殿、寺庙、园林、城墙等各种建筑形式。中国建筑以其精湛的工艺、独特的设计和丰富的文化内涵著称于世。在现代，中国建筑也在不断发展，结合现代科技和新材料，创造出了更加多样化、实用性和美观的建筑。中国各式各样的建筑，不仅反映了中国古代文明的辉煌，也是中国文化与世界文化的交流与融合的产物。

第一节　上古时期的原始建筑

原始建筑主要以木材、泥土、草和竹子等为主要建造材料。建筑结构一般采用柱梁结构，柱子用树干或竹子，梁用木条或竹子，构成简单的框架结构，然后用竹片、草叶等覆盖搭建房屋。屋顶通常采用悬山顶、拱形顶、四坡顶等形式。

在原始建筑中，房屋一般是单层的，但也有一些地区采用了多层的建筑，如土家族的"木板楼"。此外，原始建筑还有一些其他形式的建筑，如围墙、城垣、桥梁等，这些建筑形式也逐渐演化为更加复杂的建筑形式。

在中国上古时期,原始建筑主要用于人们的生活、储物、防御等方面。建筑形式虽简单,但反映了当时人们的生活和文化特点,为后来的中国建筑发展奠定了基础。

一、余姚河姆渡遗址

河姆渡是新石器时代晚期的一个文化遗址,位于中国浙江省余姚市境内的河姆渡镇。这个遗址最早发现于 20 世纪初,但直到 20 世纪 50 年代,考古学家才开始对其进行系统性的发掘和研究。

在河姆渡遗址发掘出来的文物中,最为显著的是陶器。这些陶器造型优美,色彩鲜艳,纹饰繁复,展现出当时人们较高的制陶技术水平。此外,还有大量的石器、玉器、骨器等,反映出当时人们已经掌握了较为丰富的制器、制饰技术。此外,还有一些代表性的文物,如兽面纹玉璧、玉龙、玉龟等,反映出当时人们已经形成了一定的宗教信仰,并开展了一些祭祀活动。

除了文物之外,河姆渡遗址的考古发现还揭示出当时社会的一些特点。例如,河姆渡遗址中发现了大量的残骸和骨骼,说明当时人们已经开始养殖动物,并且以肉类为食。此外,还有大量的石器,说明当时人们已经具备了一定的石制品制作技术。

河姆渡文化对研究中国古代社会、经济、文化等方面都有着重要的价值。它是中华文明史上的重要组成部分,标志着中国从原始社会向古代文明社会的转变。

二、姜寨遗址

姜寨遗址是中国河南省洛阳市洛宁县境内的一个古代遗址,始建于商代晚期,是一处代表中国中原地区晚商时期城池制度和城市发展的重要遗址,也是研究中国古代城市制度和城市文明的重要遗址之一。

在遗址中,可以看到商代晚期城市制度的典型特征,如城墙、城门、宫殿、宗庙等。城墙周长长达 4 公里,城内设有宫殿、祭祀场所、住宅区等建筑,反映了当时城市规划和建筑技术的高度发达。此外,姜寨遗址还出土了大量的商代铜器和陶器,其中包括商代著名的"四羊方尊",这些文物为研究商代经济和文化提供了重要的资料。

姜寨遗址还是研究中国古代贵族文化的重要遗址之一。在遗址中出土的贵族墓葬中,发现了大量的玉器、金器、银器等珍贵文物,其中最著名的是"姜寨玉璋",它是中国古代最早的玉璋,也是中国古代玉器艺术的重要代表。此外,还出土了大量的甲骨文和竹简等文献资料。遗址内出土的青铜器制作工艺精湛,形制独特,显示出当时人们的艺术追求和工艺水平。

第二节　奴隶社会时期的建筑

在中国奴隶社会时期,建筑主要是以宫殿、城墙、祭祀建筑、墓葬等为主要类型。

宫殿建筑:宫殿是当时统治者的居所和政治中心,常常是由木结构的建筑群组成,形制以悬山式为主。宫殿建筑的特点是布局严谨,结构复杂,装饰华丽,具有强烈的宗教意义。

城墙:在奴隶社会时期,城墙主要是用于防御敌人的攻击,以及体现统治者的权威和地位。城墙的建造多采用土石结构,砖石结构的城墙出现较晚。

祭祀建筑:在奴隶社会时期,祭祀建筑主要是用于祭祀神明和祖先的场所。常见的祭祀建筑包括庙宇、祠堂、祭坛等。这些建筑的特点是规模宏大,装饰豪华,布局对称,具有深厚的宗教和文化内涵。

墓葬建筑:奴隶社会时期,人们非常注重对祖先的尊崇和追念,墓葬建筑是一种很重要的建筑类型。墓葬建筑多为土墩墓或者石室墓,常常采用土木结构或者石木结构。

总的来说,奴隶社会时期的建筑特点是:结构简单而紧凑,装饰豪华而繁琐,具有浓厚的宗教和文化内涵。此时期的建筑技术和工艺虽然还比较简单,但是奠定了后来中国建筑发展的基础。

一、夏朝建筑

夏朝是中国历史上的第一个朝代,建筑风格简单朴素。夏朝建筑以木质建筑为主,主要建造房屋、桥梁、城墙等。夏朝的木结构建筑主要采用桁架结构,即由横梁和竖柱构成,其中横梁上面铺设椽子,最后盖上瓦或草席。夏朝建筑简洁朴素,多采用单檐或者平顶式建筑。建筑装饰不太多,基本上只有几何图案的简单浮雕和彩绘装饰,没有繁琐的细节和装饰。

夏朝建筑的主要材料是木材和泥土。木材用于建筑框架,泥土则用于建造墙体和屋顶。同时,夏朝也使用草、秸秆等天然材料来制作屋顶。夏朝建筑的布局比较简单,通常采用方形或长方形建筑布局,房间比较少,一般为数间房屋。建筑内部的空间划分也比较简单,没有墙壁分隔,房间之间通常用幔帘分隔。

二、商朝建筑

(一)偃师二里头殷代宫殿遗址

偃师二里头遗址是商代时期黄河中游地区的重要政治、经济、文化中心,是商代时期中国王权中心的一个代表性遗址。在遗址中,考古学家发现了大量的青铜器、陶器、玉器、石器、象牙器等文物,也发现了大型的宫殿、墓葬、城池、水利设施等建筑遗址,这些文物和建筑遗址都反映了当时商代社会的政治、经济、文化、宗教等多个方面的情况。据考古学家研究分析,偃师二里头殷宫遗址是迄今为止最早、最完整的宫殿遗址。一楼宽敞,周围是一个由走廊(走廊和阳台)环绕的庭院。这里的入口具有防御功能,也是为了宣扬统治者的精神、人格。在这扇门的东西两端,各有一个小房间,叫作"塾",相当于现在的警卫室。院子东边有一扇很小的门,称"闱",供妇女进出。

此外,偃师二里头遗址还发现了大量的商代文字、符号和标志,这些文物提供了重要的证据,证明商代时期已经具备了一定的文字和符号表达能力,反映出当时社会的文化水平已经很高。

（二）殷墟遗址

殷墟遗址位于河南省安阳市境内,是中国商代文化的代表遗址之一,也是中国现代考古发掘的起点之一。它是全球现存最早、最完整、最大的青铜时代古城遗址之一,自20世纪初期以来,已经成为世界著名的考古学遗址。

殷墟遗址是商代时期的遗址,它的历史可以追溯到公元前16世纪左右,持续到公元前11世纪左右,总共经历了约500年的时间。遗址面积约12平方公里,包括宫殿、祭祀场所、商代王陵和居民区等多个部分,其中以宫殿和祭祀场所最为著名。

殷墟遗址的最大特点是发现了大量的商代青铜器,这些青铜器以古代铸造工艺精湛、装饰华丽而著称,是研究商代文化和手工艺发展的重要资料。此外,殷城遗址还发现了大量的商代书法、绘画和文字,其中最著名的就是商代甲骨文,它是世界上最早的汉字文字之一。

殷墟遗址的发现和考古研究,对于了解中国古代社会、文化和历史都具有极为重要的价值。因此,殷墟遗址被列为中国文化遗产保护单位、国家AAAAA级旅游景区以及世界文化遗产。

三、西周建筑

西周是中国历史上的一个朝代,其时间跨度约为公元前1046年至公元前771年。在这个时期,中国的建筑风格主要表现为以殷墟遗址为代表的殷墟文化和以周公庙、武王祠为代表的周代文化两种不同的风格。

在西周时期,建筑主要采用木质结构,建筑形式以祭祀、储藏和居住为主。西周时期的建筑结构特点是"重檐歇山顶",即采用多层屋檐和平行的两坡屋顶结构,形成一种流畅、美观的屋顶造型。建筑的檐口、柱子等细节部分常常采用精雕细刻的方式进行装饰,体现出西周时期建筑装饰艺术的特点。

此外,西周时期的宫殿建筑通常采用"三进"的形式,即由三个相互独立的建筑群组成,中间一进为主殿,左右两进为辅殿,形成一种中轴对称式的建筑布局。在建筑材料方面,西周时期的建筑多采用木料和土坯砖等材料,建筑结构和装饰上也常常采用青铜器等金属材料进行装饰。

总体来说,西周时期的建筑风格注重对神灵的崇拜和尊敬,建筑结构和装饰都具有一定的宗教色彩,展现了古代中国建筑艺术的独特魅力。

四、春秋战国时期的建筑

春秋战国时期是中国历史上的一个重要时期,其时间跨度大约为公元前 770 年至公元前 221 年。在这个时期,中国的建筑风格逐渐发生了变化,从以宗教和祭祀为主的建筑转向了以城墙、宫殿、墓葬等为主的建筑。

春秋战国时期的建筑风格比较多样,但整体上表现出的特点是富有地域性和民族特色,也反映了当时社会政治、文化、经济等多方面的情况。

一般来说,春秋战国时期的建筑结构特点是以木结构为主,墙壁以土墙或夯土墙为主。在建筑风格方面,由于春秋战国时期的诸侯国领土辽阔,地域文化差异大,因此各个地方的建筑风格也有所不同。

例如,在鲁国和齐国等东部诸侯国,宫殿建筑多采用悬山顶和庑殿顶结构,墙壁常常采用竹、木片、泥土等材料进行构建;而在楚国和韩国等中部和南部地区,建筑结构多采用庑殿顶和角楼式结构,墙壁常常采用石灰和黄泥等材料进行构建。

在墓葬方面,春秋战国时期的墓葬多采用"三室一堂"或"五室一堂"等建筑结构,墓葬的外部通常装饰有精美的陶俑和石雕等艺术品,反映出当时人们对墓葬仪式和祖先崇拜的重视。

第三节　封建社会时期的建筑

一、秦代建筑

秦始皇于公元前 221 年统一了中国,虽然秦朝只有短短的十几年时间,但它在建筑方面取得了巨大成就:举世闻名的长城、今天被称为"世界第八大奇迹"的秦始皇陵,以及一座宏伟的阿房宫。

秦朝是中国古代建筑史上的一个重要时期,它的建筑以规模宏大、形制严谨、建筑结构稳固、装饰简朴而著称。形式多为悬空式和台基式,建筑材料以木石结构为主。秦始皇陵的"宫殿式"墓室更是秦朝建筑的巅峰之作。秦朝建筑装饰比较简朴,以实用为主,但也有精美的壁画和雕刻。如秦始皇陵壁画和骑兵俑、车兵俑等都表现了秦朝建筑艺术的高超水平。

秦朝在统一六国后开展了大规模的修路和运河开建工程,这是秦朝建筑的又一个特色。秦始皇开凿的运河,可以贯通南北水系,成为古代交通运输的重要通道。

秦朝建造了长城,以防御北方游牧民族的侵袭。长城是古代世界最伟大的工程之一。除了长城,秦朝也建造了许多城墙,如咸阳城墙等。秦朝建筑工艺十分先进,采用砖、瓦、石材、木材等建材,结构稳固,是中国古代建筑史上的一座里程碑。

总的来说,秦朝建筑的特点是:规模宏大、形制严谨、结构稳固、装饰简朴、工艺精湛。秦朝建筑对中国古代建筑的发展产生了深远的影响。

（一）秦长城

今天的北京八达岭长城是明朝修建的长城。秦长城已基本消失,还有一些遗迹。但在历史上,最著名的建筑是秦朝长城。

根据历史记载,长城可以追溯到先秦时期。公元前776年,周幽王在陕西省西安市附近的山上"烽火戏诸侯",这意味着长城和灯塔至少建于西周。春秋战国时期,楚人在河南、湖北等地修建了长城和灯塔。像赵、韩、魏、燕、齐和秦一样,也都在自己的国界处筑城墙。

（二）阿房宫

根据历史记载,这座宫殿"东西五百步,南北五十丈,上可以坐万人,下可以建五丈旗",不幸的是,几年后,被项羽用大火烧毁。据研究,阿房宫的位置应该在今天的西安市三桥镇南,是一座上下延伸的压实地面平台,东西可达1300米,南北大约有500米。

（三）陵墓

中国先秦皇帝的陵墓非常美丽。第一座是陕西黄陵的黄帝陵墓，据说黄帝是我们中华民族的先祖，黄帝陵墓位于陕西黄陵的桥山上，墓高3.6米，墓前有一座石亭，碑上刻有"黄帝陵"字样，背面有一座石亭，上面刻有"桥陵龙驭"字样。历代用来祭祀的碑文众多，使这里的环境充满了皇家陵墓的气质。

第二座是浙江绍兴大禹陵墓，东侧为禹陵，西侧为禹庙，寺内有河、玉桥。禹陵寺的设计很有特色。它坐落在山上，南北轴线布局，寺西南角为拱桥，西门进入。进入寺庙时，中心轴线由南向北，地势由低到高。南墙为屏风墙，前墙为石亭，即北面是北亭，北面是子午门、广场、大殿，总高20多米，山上有屋顶，有四个标志"地平天成"。建筑形制宏伟，殿内禹的塑像在背景画面上画了九个轴线，后屏绘有九把斧头，意为大禹治水开通九条河流。

第三座是秦始皇陵，秦始皇陵位于陕西省临潼县东侧约16公里处，南临骊山，北临渭河。

图 2-1　秦始皇陵兵马俑

图 2-2　秦始皇陵兵马俑阵

图 2-3　秦始皇陵全景

二、两汉建筑

(一)西汉都城长安

长安是中国历史上的一个重要古都,建于公元前 202 年,是西汉王朝的都城。其建筑风格主要呈现出两种特点。

一是以宫殿为代表的官方建筑,如宫殿庙宇、城墙等,这些建筑多采用榫卯结构,建筑材料多以木材和土石为主,外部以砖石护墙或涂抹灰泥加以装饰。这些建筑在飞檐翘角、斗拱卷草等细节上充满了装饰性的艺术表现,体现了西汉时期的建筑风格。

二是以士人、商人的居住建筑为代表,如寺庙、园林、住宅等,这些建筑主要采用砖木结构和夯土墙体,通常布局方正,合院式的住宅成为典型的建筑类型,墙体上的装饰则以壁画、雕刻等形式为主,题材以神话、历史人物等为主。

(二)东汉都城洛阳

洛阳是中国历史上重要的古都之一,建于公元 25 年,是东汉王朝的都城。在东汉时期,洛阳城的规模非常庞大,城墙周长近 20 公里,城门数目多达 8 个。宫殿、寺庙、府邸、商业街区等建筑的规模也都非常大,且气势恢宏。

东汉时期的洛阳建筑工艺相对成熟,不仅使用了大量砖石建造,而且在施工技术上也非常高超,如刻石、雕刻、浮雕等,工艺复杂、工序繁琐。洛阳建筑风格多样,包括了传统的中国建筑风格和新兴的外来建筑风格,如印度佛教寺庙的风格、汉代遗留的建筑风格等。东汉洛阳的建筑装饰繁多,涵盖了中国传统建筑的精髓,包括了彩绘、雕刻、浮雕、砖雕、石雕等。这些装饰丰富了建筑的艺术性和装饰性。

(三)两汉的宫殿

当时的两汉宫殿建筑已经不存在了,但是在历史文献和考古发现中,我们还是可以了解到一些具体的实例。西汉时期汉武帝的东宫和南宫分别位于长安城的东、南两侧,规模非常宏大,其中东宫的建筑格局被认为是汉代宫殿建筑的典型代表。据史书记载,东宫的殿堂高达 30 米,屋檐翘角气势恢宏,殿内摆放着金银宝器和珍贵文物,被誉为"天下第一宫"。

洛阳宫是东汉时期的宫殿建筑,建筑风格在西汉的基础上发展和创新,特别是在装饰方面更加华丽。洛阳宫的规模非常庞大,据考古发现,其建筑群包括东、西两宫,南北两城和内外两城等,面积达 3 平方千米多。

昭陵是东汉明帝刘庄的陵墓,位于今天的陕西省咸阳市,其建筑风格在东汉时期也代表了一种典型的宫殿建筑风格。昭陵的墓道和墓室均采用了悬挑式结构和彩绘装饰,极具艺术价值和历史价值。这些宫殿建筑都具有鲜明的两汉宫殿建筑的特色,是中国古代建筑的珍贵遗产。

三、魏晋时期的建筑

魏晋时期是中国历史上的一个重要时期,时间跨度大约为公元220年至420年,是中国南北朝时期的前半段。在这个时期,中国的建筑风格也发生了变化,在汉代建筑风格的基础上,加入了新的元素,呈现出了一种新的建筑风格。

魏晋时期的建筑风格注重的是造型的艺术性和装饰的精美程度。建筑结构多采用木质结构,并结合使用砖石等材料。宫殿庙宇、墓葬、园林等建筑多以对称、轻盈、灵动为主要特点,讲究形式的华丽纤细、精致和细腻。在魏晋时期,宫殿建筑的风格逐渐从早期的殿堂式向楼阁式发展,多采用重檐歇山顶或重檐攒尖顶的形式,这些宫殿建筑常常被布置在环境优美、风景秀丽的山水之间,既考虑到了实用性,又体现了一种对艺术的审美追求。

在墓葬方面,魏晋时期的墓葬结构多采用平面"井"字形或"长条形"结构,墓道长而曲折,多用陶俑、石刻、画像等艺术品进行装饰。墓葬的形式和装饰更加讲究艺术表现力和寓意,既展现了世俗文化的繁荣,又表达了人们对生命的理解和对来世的渴望。

(一)城市

邺城位于河北省临漳县附近,目前大部分城市位于漳河下游。由于没有足够的史料记载,曹魏邺城只能在文学中找到。这座城市不是一座小城市,它南北长2205米,东西长3087米。城西有三个角落:南部的金虎台、北部的冰井台和中部的青铜麻雀台。邺城最大的特点是造型创新,它的中轴线北端为宫殿,东端为一组楼,后端为后宫。还有一座名为"戚里"的贵族住宅,位于城市南部。居民区和商业区约占城市总面积的五分之三。

（二）宫殿

曹魏邺城位于城北,建筑布局合理。正中宫城部分,有一封闭的广场,经过端门至大殿前的庭院,大殿在正中,殿前左右有钟楼和鼓楼,中间的宫殿布置得很整齐,进入司马门时,路两旁有许多官府衙门。

西晋末年邺城大殿被夷为平地,后来赵国十六国在此修筑都城,洛阳故宫建在该城西北部,故宫南北高1398米,宽660米。在东西方之间,占据洛阳市大约有十分之一,正对宫门阊阖门的铜驼街为城市的主轴线,其西侧为官署、寺庙、坛社等。

（三）寺庙、佛塔、石窟

佛教是源起于印度的一种宗教,它在东汉时期传入中国。东汉永平年间,印度僧侣来到了首都洛阳,建成了"白马寺",这是我国建造最早的佛教寺院,今天仍然存在。后来,魏晋南北朝出现了大量的佛教建筑。

石窟是印度佛教建筑的一种形式。它们是佛教实践、生活和活动的场所。印度的佛教洞穴被称为支提(Choitya),在它的中间有一座佛寺。中国早期著名的洞穴包括山西大同的云冈石窟、甘肃敦煌的莫高窟、河南洛阳的龙门石窟。云冈石窟建于北魏文成帝太平元年(公元460年)。早期的第16窟至第20窟,平面呈椭圆形,主要由高大雄伟的雕像组成。其中第20窟是云冈雕塑艺术的代表。洞内平面为方形,前室有四壁。方形窟室,室内有方塔柱,四壁有佛像、龛座。

龙门石窟位于河南省洛阳市南部。它最早建造于北魏,魏孝文帝建都洛阳时期,建造历经东魏、北齐、隋、唐、五代、北宋等朝代。据统计,山上有2000多个洞穴和10多万尊雕像,最大的雕像高17米,最小的只有2厘米,还有40多座佛教寺庙和造像题记3680余品。龙门石窟包括著名的宾阳洞、潜溪寺、万佛洞、奉先寺及古阳洞。

图 2-4　龙门石窟大佛

图 2-5　龙门石窟

图 2-6　莫高窟

图2-7　莫高窟石窟

四、南北朝时期的建筑

南北朝时期是中国历史上一个非常特殊的时期,由于北方政权和南方政权的分立使得南北朝时期的建筑风格和文化特征各自独立发展,形成了不同的建筑风格。

在北朝时期,由于北方政权大多是游牧民族或北方鲜卑族群,其建筑风格与中原地区有所不同。在北方,建筑以木质结构为主,有些建筑还会使用毛皮等原始材料。北朝时期常见的建筑有皇宫、城门城墙、城楼、寺庙、园林等。比较典型的建筑是兴庆宫和永安宫,这些宫殿采用了典型的汉代和隋唐建筑风格,同时也吸收了一些北方民族的特色,例如采用了更厚的墙壁和更加精致的雕刻。

在南朝时期,建筑风格受到南方地区的地形、气候和文化的影响,具有独特的南方建筑特色。南朝时期的建筑一般采用木质或砖石结构,以庙宇和寺庙为主。南方的建筑善于利用水,因此水井、池塘和假山等也是南朝时期建筑的特色。南朝时期的建筑代表作有岳阳楼、小金山石窟、洛阳白马寺塔等。

（一）多种建筑风格并存

南北朝时期,南北方各自发展出独具特色的建筑风格。北方建筑主
要受到匈奴、鲜卑等游牧民族文化的影响,建筑结构稳固,装饰简朴,有
些还带有军事防御的特点;南方建筑则受到南方各民族文化的影响,建
筑多采用木构建筑,造型优美,装饰丰富。

（二）建筑规模逐渐减小

南北朝时期,受到政治、经济等多方面因素的影响,官府、宫殿等建
筑规模逐渐减小,但私人住宅、寺庙等建筑规模则有所扩大。

（三）继承和创新并存

南北朝时期,建筑技术和建筑风格继承了前代的传统,同时也创新
了不少新的元素。例如,北方建筑在结构上有所改进,南方建筑则在雕
刻、彩绘、绘画等方面有所发展。

杭州灵隐寺位于杭州西部。它建于东晋,在它的两侧是宋代的皇宫,
北天王殿是它的大殿。它看起来像一个三檐大厅,高 33.6 米,屋顶是用
琉璃瓦做的。

图 2-8　灵隐寺外景

图 2-9　灵隐寺牌匾

图 2-10　杭州灵隐寺飞来峰石刻

　　镇江金山寺位于镇江市西北部。这座寺庙建于东晋,原名泽心寺。重建后,金山寺使用了"寺包山"的设计手法,山顶建立了一座佛塔,有八角七面,可以爬楼梯登上塔柱。

图 2-11　金山寺正面

图 2-12　金山寺侧面

五、隋、唐、五代时期的建筑

隋唐时期是中国古代建筑史上的一个重要时期,也是中国建筑史上的黄金时期之一。在这个时期,中国建筑经历了一次较大规模的变革和发展,建筑技术和风格都得到了较大的提升和发展。

在隋唐时期,建筑风格基本上遵循了古典汉式建筑的风格,同时又受到了一些外来文化的影响,例如佛教文化和西域文化等。在建筑结构上,隋唐时期主要采用石质和木质结构,其中以石质建筑为主,而且使用的石材种类和工艺也非常讲究。

在隋唐时期,宫殿建筑成为主流,隋唐的宫殿建筑一般以宫殿、台城、楼阁、城门、道路、池塘等为主要构成部分。其中最著名的建筑当属唐朝的大明宫和佛教寺庙建筑,例如洛阳白马寺、西安大雁塔等。此外,隋唐时期也出现了许多精美绝伦的园林建筑,例如唐代的咸阳华清池和花果山。

总的来说,隋唐时期的建筑风格在中国古代建筑史上具有非常重要的地位,随着历史的发展和演变,也为后世的建筑风格和技术发展提供了重要的启示和参考。

五代时期是中国历史上一个比较短暂的时期,但在建筑方面留下了一些有特色的建筑遗存。五代时期的建筑主要是继承了唐代建筑的传统,同时也融合了北方和南方建筑风格的特点,因此在建筑风格上呈现出一种多元化的特点。

五代时期的建筑遗存主要分布在河南、山东、山西、陕西、湖南等地。五代时期的宫殿建筑规模相对较小,结构简单,与唐代的宫殿建筑相比,缺少华丽的装饰和细腻的雕刻。五代时期的佛教寺庙建筑则多采用木结构和砖瓦结构,形式上也有所变化,例如禅宗寺庙多采用藏式建筑,其华丽程度不如唐代。

五代时期还出现了一些特色建筑,例如北方的木塔和南方的园林建筑。五代时期的木塔多采用重檐结构,高大挺拔,具有浓厚的北方建筑特色。南方的园林建筑则常采用人工山水和水池,注重园林的布局和景致的创造,显示出南方建筑的特色。

总体来说,五代时期的建筑风格多样,具有地域特色和时代特色,为中国古代建筑的多样性发展奠定了基础。

六、两宋的城市建筑

（一）北宋东京

宋朝北都的基本风格更加清晰。目前,已经发现了大量宋代重要历史遗迹,包括城市的外城和内城、皇城城墙和北宋的东京城门。考古发掘表明,东京在北宋时期是一座矩形城市,东西略短,南北略长。从外面到里面有三堵墙：外城、内城和皇城。外城非常重视加强防御功能，从东到西略短，从北到南略长。城墙东约 7660 米，西约 7590 米，南约南约 6990 米，北约 6940 米，环城约 29120 米。[①]

（二）南宋临安

在宋初，临安城是一座借助于城内和城外双重城墙的城市。根据考古发掘、历史文献和地图，并参考新旧重叠城市遗址的修复方法，临安市的规划最初恢复于南宋时期。临安市是由两座外墙和一座皇城组成的地方城市首都。皇城建在一座山上，位于城市南部的最高点。城市基本规划是垂直和水平的道路系统，也是一个开放的道路系统。道路的走向受到城市主要河流的影响，这些河流从南向北延伸。

七、金、西夏的城市和宫殿

（一）金代的城市和宫殿

金朝的主要势力范围最初在内蒙古东北部和东部。首都为上井会宁，位于黑龙江省阿城区南部。这里的地形非常好，西面是高山，东面是阿什河。当然，这座城市现在已经变成了一座小山。根据挖掘研究得知，该城呈矩形，东西长 2300 米，南北长 3300 米。东北部靠近沼泽，几乎有 400 米深。一些高约 5 米、厚约 3 米由泥土建造的墙至今仍保存着。这座城市分为南北两部分，中间有隔墙，墙东边有门。

（二）西夏的城市和宫殿

据史料记载，西夏建于 1034 年。西夏的首府兴庆州后来被称为中兴州，现在是宁夏回族自治区的首府银川。宫城通过宫墙和大门与城市的其他部分隔开。宫殿城周围有宗庙。城中有 5000 名侍卫，他们由贵族家庭成员组成，负责保卫宫殿。

---

① 《宋会要辑稿·方域》载，"旧城周回二十里一百五十五步，国朝以来，号曰阙城，亦曰里城。新城周回四十八里二百三十三步，国朝以来，号曰国城，亦曰外城，又曰罗城"。

八、明清的建筑

(一)明清北京的宫殿

明代皇宫,皇城内是紫禁城。此城周长3千米,城高10米,里外均为砖砌,碧水环城,四隅建有高耸的角楼。宫城四面开门,南为午门,北为玄武门(清代改为神武门),两侧为东华门和西华门。

图2-13 故宫午门

保和殿(即建极殿、谨身殿)后面是乾清门,里面是"后三殿":乾清宫、交泰殿和坤宁宫。乾清宫是皇帝的寝宫,即皇帝、皇后生活居住的地方。

图2-14 坤宁宫

图 2-15　太和殿

图 2-16　太和殿外观

图 2-17　故宫全景

（二）佛教建筑

　　清代的佛教，大部分为藏传佛教，即喇嘛教。代表建筑为雍和宫，它整体朝南，占地面积6.6万平方米。据1950年统计，共有661间房间，其中238间是佛殿。它的建筑风格非常独特，融合了汉族、满族、蒙古族等民族的建筑艺术。整个寺庙的建筑分为东、中、西三条路。中路由七个庭院和五层宫殿组成，左右有各种宫殿和建筑。

图2-18　雍和宫（1）

图2-19　雍和宫（2）

图 2-20　雍和宫（3）

（三）武当山道教建筑

　　明清时期的道教建筑，首先要说的是湖北武当山。据统计，这里有
32 个建筑群体，建筑物总数达两万余间。自湖北省均州城净乐宫西行
约 25 千米，至武当山玄岳门为"宫道"，过了玄岳门为"神道"，便是天柱
峰了。

图 2-21　武当山

在这条线路上，布列着许多古建筑，宫、观、祠、庵、亭、台、池、桥等，不计其数。重要的建筑是玉虚宫和紫霄宫。

图 2-22　武当山紫霄宫

图 2-23　武当山玄帝殿

（四）城隍庙

道教作为一种宗教，有许多君主信徒和普通民众信徒。城隍庙是主题为"天人合一"的宗教建筑。上海老城隍庙坐落在方浜中路，这里最早在元代时是金山神庙，到了清初才改称城隍庙，乾隆年间曾一度将整座豫园作为庙园。

图 2-24　城隍庙九孔桥

图 2-25　城隍庙

图 2-26　城隍庙夜景

（五）民居

1.北京四合院

北京四合院的形成可以追溯到先秦时期,但直到明代才确定其形式,从应用、结构设计、材料选择、建筑形式等方面基本形成了四合院。北京的四合院,包括小四合院、大四合院等类型,甚至有多个平行的中心轴线,一些大四合院通常有花园,是北京最典型的四合院。

图 2-27　四合院俯拍

2.皖南民居

皖南,安徽省长江以南,也包括江西东北部的一部分。大部分是山区,山峦叠翠,风景秀丽。这里有两个文化特征:一是官僚多;二是商业发达。这里的建筑以住宅村而闻名。村庄位于山川边,环境幽静。大多数住宅建筑都是灰色的墙壁和黑色的瓷砖,简单而美丽。此外,战争造成的破坏很少,也没有发生太多重大自然灾害。因此,许多明清建筑得以保存。

皖南地区的住宅建筑布局一般为室内庭院式,有半开敞式大厅、左右翼厅、后楼梯及厨房;在一些房子里,翼楼和主卧室之间的空间里有楼梯,楼梯从上到下的布局基本相同。这类住宅有一个小而高的露台,看起来像是从喷泉俯瞰天空。皖南民居外观相对封闭,白墙黑瓦散落,风格精致典雅。

图 2-28　安徽宏村

图 2-29　安徽云端古村

图 2-30　安徽皖南古村

3. 福建土楼

　　福建西部有一些住宅建筑,大部分是圆形。这种圆形房屋直径超过70米,有三到四层楼高,有一条圆形走廊,许多家庭住在那里。

　　建筑外观为木桶式木结构房屋,外墙上薄下厚,一层为厨房,二层为粮仓,三层或四层为客厅和卧室;内环有一个展览圈和四个楼梯;公共的楼梯分别布置在东北、西南、东南和西北;中心有圆形小屋和祠堂。

图 2-31　南靖田螺坑土楼

4.窑洞民居

窑洞民居分布在沿黄河一带,遍及河南、山西、陕西、甘肃等地。窑洞上厚厚的黄土层,能起到保温、隔热的作用,窑洞中冬暖夏凉。

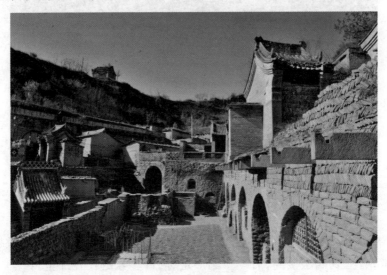

图 2-32　陕北窑洞

图 2-33　山西吕梁李家山

（六）蒙古包

　　毡包房，又称"蒙古包"，古人称"穹庐"，是一种圆形的房屋。毡包屋顶为圆形，好似想象中的天穹宇宙。

图 2-34　蒙古包

图 2-35　蒙古包内部

（七）园林

　　颐和园是清朝时期的皇家花园，建于1750年。它是一个大型的景观公园，以长寿山和昆明湖为主体。整个公园约四分之三的面积是水域。公园拥有各种宫殿和古老花园，以及一系列著名的珍贵文物。1998年12月，颐和园被列入联合国教科文组织世界遗产名录。

图 2-36　颐和园昆明湖

图 2-37　颐和园绣漪桥

颐和园建成后,与香山静宜园、玉泉山静明园、圆明园、畅春园及香
山、玉泉山、万寿山形成"三山五园"的格局。颐和园的建成及昆明湖的
开拓,把两边的四个园子连成一体,形成了从现清华园到香山长达 20 千
米的皇家园林区,同时在西北郊构成了三条轴线。

图 2-38　颐和园冬日十七孔桥

图 2-39　颐和园

图 2-40　群山环抱的颐和园

图 2-41　黄昏十七孔桥

　　拙政园是中国苏州市的一处园林景观,也是中国传统园林的代表之一,被誉为江南园林的典范。拙政园建筑特色主要有以下几个方面:拙政园建筑依托自然山水,以山水为基调,注重营造意境。园内湖水、小桥、流水、石阶等元素有机结合,形成了富有水墨意境的景观。拙政园以错落有致的建筑布局和多变的空间组合方式,打造了生动的场景和凸显高低起伏的景观,为游人营造出疏密有致的感官享受。拙政园园林历经几代主人的重修,形成了独特的艺术风格。其中,袁枚、姚馥、尤磊、罗应星等名人都为拙政园的建筑设计和艺术创作贡献了自己的智慧和心血。

图 2-42　拙政园池畔

图 2-43　拙政园大门

图 2-44　拙政园景色

图 2-45　拙政园小路

图 2-46　拙政园

第四节　中国近现代时期的建筑

近现代建筑指的是 20 世纪以来的建筑,涵盖了中国的各种建筑风格和类型。以下是一些中国近现代建筑的特色。

折衷主义风格:在中国近现代建筑中折衷主义风格占主导地位,这种风格通过将传统的中国建筑元素与西方建筑元素相结合,创造出了一种新的建筑语言。比如,中国的新古典主义建筑通常会在传统的中国建筑元素上添加欧式的装饰和细节。

对称式设计:对称式设计是中国近现代建筑的常见特征,它通常体现在建筑的立面和平面布局中。对称式设计是中国传统建筑中常见的一种设计方法,它在近现代建筑中得到了进一步的发扬。

采用混凝土结构:混凝土结构在建筑设计中提供了更大的自由度,同时也能够更好地承受地震等自然灾害。

高层建筑的兴起:近现代中国的城市化进程加速了高层建筑的兴起,这些建筑以其标志性的形象和现代化的技术,成为中国城市的重要地标。比如,上海的东方明珠电视塔和北京的中国中央电视台大楼。

一、清末的中国建筑

清末中国的城市和建筑发生了重大变化。建筑风格多为"殖民地式"或西方古典式,以及一些西方古代建筑风格,如罗马式、哥特式或巴洛克式。

在 19 世纪末之前,这些西式建筑的数量和规模都是有限的,到了 20 世纪这些建筑开始出现在中国,特别是在天津、青岛、上海、厦门、广州和其他沿海城市。

二、民国时期的中国建筑

在这一时期,租界的建筑活动十分活跃,工厂、银行、火车站等新建筑迅速发展,建筑的形式和规模发生了巨大变化,建筑设计水平进步很快。新型建筑的种类十分丰富,住宅、公共建筑、工业建筑的主要类型基本齐备,水泥、玻璃、机械瓦等建筑材料的生产能力有了初步发展,中国近现代建筑已经形成了一个体系。当然,这些都是对西方近代建筑的模仿。

这一时期是建筑活动蓬勃发展的时期。上海、天津、广州、汉口等地先后建成了一系列现代化的高层建筑。20世纪20年代末,南京市制订了首都规划,制订了上海中心城区规划,并建设了一系列行政、文化、体育、居住建筑。

20世纪20年代末以来,中国建筑专业的学生纷纷回国,并在上海、天津等地设立了建筑事务所,积极开展设计活动。在这一时期,海滨建筑十分活跃,建筑创作可谓百花齐放,有西方古典主义(如新古典主义、巴洛克主义、折衷主义等)、新学派(如装饰主义、现代主义等)。

(一)胡同巷弄住宅

在近代上海,居住在里弄里的人有着复杂的经济条件和职业条件,但从社会结构的角度来看,里弄是一种普遍存在的居住形式。大多数人是小户主、小资本家、教师、公司职员、医生和其他自由职业者,当然,也有许多工人。

上海里弄家庭的居住条件首先要满足其居住能力,现代社会的家庭已经从旧的大家庭制度中转型,因此,这些家庭通常最多有两三代人,他们都住在同一个家中,孩子上中小学时,最好给他们一个小房间。有些家庭雇佣人住在"亭子间"里,符合职业要求和习惯。主人有许多同事、朋友、宾客等,他们大多具有相同的社会身份和文化水平,因此应该为他们提供活动空间。同时,这些人的社会文化背景是"中西文化的融合",他们之间的空间形态可以是中国式的,如茶几、椅子等,比较典雅大方的传统风格;也可以是西式风格,如选择沙发、咖啡桌、书桌、圆桌、转椅等,创造西方空间的氛围。

里,指的是居住片区,比如三德里、佳音里;弄,指的是巷子。里弄指的就是居住片区中的巷子,它是个偏正复合词。不过多数人理解的里弄是指里弄(巷子)加上里弄住宅,也就是整个居住片区。巷子和道路不同,它比道路的尺度要小,围合感更强,转折往往也更多(所谓的空间深度),以上这些特点让里弄在承载交通功能以外还起到沟通邻里交流的作用,也就是所谓的生活气息。

里弄住宅一个很大的特点就是高密度。它一般满足不了有钱的人居住需求,有钱的人更多选择独栋别墅。

图 2-47　上海武康路

图 2-48　弄堂小巷

图 2-49 上海石库门街道

（二）商业建筑

从古至今，商业建筑的变化也非常明显。先施公司位于上海市南京东路与浙江路交汇处的西北角。它建于 1917 年，专门经营便利店。它有七层楼高，沿途有一条走廊。先施公司也是上海第一家由国人经营环球百货的大型商店，它在上海首创了商品标价和不二价制度，售货一律开发票；首创了从业人员每逢星期日休息制度；首次破例雇用了女店员，它使南京路的商业进入了新的发展时期。而南京路浙江路口西南角上的华联商厦，其前身是永安公司。另外，永安百货也同样拥有几个第一：第一家有日光灯的百货公司；第一个以天桥连接两幢大楼的建筑，顾客在永安公司购物后，可通过天桥进入旁边的永安新厦娱乐或用餐。新新百货综合了先施和永安两大百货公司的特点，集百货、餐饮、旅游业之大成。新新百货首创夏季冷气开放，还采取"猜谜得奖"的独特经营方式，以及在公司 5 楼设有自行设计、自行装备的上海第一个由中国人创办的私营广播电台。新新公司通过电台大做广告，取得了巨大的成功。大新公司，其在上海滩上第一次使用了手扶电梯。

三、中华人民共和国成立后的建筑

中华人民共和国成立后，中国的建筑发生了许多变化，与之前的建筑风格和形式有很大的不同。中华人民共和国成立后建筑的设计和建造常常有政治宣传的功能，以宣扬社会主义的思想和理念。例如，建筑物的命名、立面装饰、形象设计等都可以体现出政治主题。中华人民共和国成立后建筑注重象征意义,建筑设计和装饰中经常出现象征国家意志和精神的元素,如五星红旗、毛主席像、工农兵雕塑等。

设计强调功能主义,建筑的结构和布局都是以实用和效率为主要目标。这一特征在城市规划和工业建筑中体现得尤为明显。如广泛应用钢筋混凝土结构、玻璃幕墙、预制构件等新的建筑材料和技术。这些材料和技术的运用不仅提高了建筑的质量和效率,也为建筑的外形和造型提供了更多的可能性。

这时期的建筑不再沿袭传统的中国建筑形式,而是结合中西方元素创造了一种新的建筑语言。例如,北京的天坛文化广场就是一种将传统的中国建筑元素与现代建筑语言相结合的作品。

这时期中国出现了工业建筑,从前只有作坊和其他建筑形式。中华人民共和国成立后,工业蓬勃发展,工业建筑迅速发展。在中华人民共和国成立的前十年里,国家实施了"重工业优先发展,轻工业相应发展"的政策,建立了钢铁和制造业机械、煤炭、化工、电力、建材、纺织、食品等轻重工业。

在此基础上,中国建筑业逐步赶上甚至超过世界先进水平,包括建筑发电厂、水电厂、钢铁厂、机械厂和建材厂。此外,建筑材料本身也得到了高度发展,如空间钢管格栅结构、悬挂结构和薄壳结构等,在许多方面都达到了国际先进水平。

建筑艺术和文化之间是息息相关的,两者之间是一种彼此成就的关系。没有文化,建筑艺术就失去了营养来源,失去了打动人心的文化语境。文化又是建筑艺术的推动者。

我国民族众多,各个民族由于地域、文化的不同,又建造出了不同的建筑。我国的建筑艺术文化丰富多彩,是各个民族思想情感的凝聚。所以在当今加强对建筑艺术的传承和保护是非常重要的。高校的规模大,学生又正处于学习能力的旺盛期,而且是经过筛选、群英荟萃的地方。所以高校的建筑艺术研究将对建筑方面的传承与保护产生一定的积极作用。建筑及相关专业学生也能在学习中成为建筑艺术的热爱者和倡导者。

第三章

外国建筑发展文脉

外国建筑发展的起源可以追溯到古代文明时期,例如古希腊和古罗马时期的建筑,它们在西方建筑史上占有重要的地位。中世纪时期的欧洲建筑主要是宗教建筑,如哥特式教堂和修道院,而文艺复兴时期的欧洲建筑则注重对古典建筑的模仿和创新。18世纪至19世纪,欧洲建筑进入了新古典主义和浪漫主义时期,以古典建筑为基础,创造出具有浪漫主义风格的建筑。20世纪初期,现代主义建筑出现,强调建筑应该满足现代社会的需求,建筑应该简洁、实用、经济、科技、环保。20世纪中期以后,建筑风格多样化,从后现代主义到新古典主义再到未来主义等,建筑不仅仅是实用的建筑物,更成为文化、艺术和地标性建筑。

第一节 古代早期建筑

古代早期建筑是指人类文明发展的早期阶段所建造的建筑物。这个时期的建筑多以实用为主,主要用于居住、储藏和防御等方面。

古埃及金字塔是埃及古王国时期建造的一种具有纪念性的建筑,它通常由数百万块巨石构成,是古代建筑中最宏伟的建筑之一。

古巴比伦的神庙是巴比伦王国时期建造的宗教建筑,主要用于供奉神灵,这些神庙的建筑风格以塔式建筑为主,高度往往超过数十米。

古希腊神庙是古希腊文明时期建造的宗教建筑,其建筑风格以白色大理石为主,具有古典主义风格和对称美学,如雅典卫城神庙、帕特农神庙等。

古罗马竞技场是罗马帝国时期建造的建筑,主要用于举办角斗赛和其他表演活动,这些竞技场的建筑规模往往非常庞大,例如罗马斗兽场,能容纳数万观众。

在西欧和南欧,石器时代最早的游牧民族的祖先生活在洞穴中。对于那些因移民而寻求新食物来源的人来说,这些早期的人类住所已经消失了,但世界上一些偏远地区土著人保留了这些生活习惯。

新石器时代开始于公元前9世纪。石器时代早期的人是流浪的肉食动物。新石器时代的人学会了种植、狩猎、驯养动物、制作陶器,由于社会结构的复杂性,新技术在村庄中发展,这标志着人类文明的开始。

一、新石器时代的建筑

新石器时代是人类文明史上的一个重要阶段,大约从公元前1万年到公元前3000年。由于当时没有文字记录,因此对新石器时代的建筑风格和建筑技术的了解非常有限,但通过考古发现和研究,我们可以了解一些大致情况。

在新石器时代早期,人类主要居住在自然洞穴、岩洞和帐篷等简单的住所中。随着时间的推移,人们开始利用当地的材料如石头、木材、泥土和草,建造更加复杂的住所和公共建筑。

在新石器时代的中期和晚期,人们开始建造一些大型的公共建筑,如巨石阵、神庙和城墙等。这些建筑通常使用石头或木材构建,如英国索尔兹伯里平原的巨石阵,是由巨大的石头柱子建造而成。此外,在新石器时代的中期和晚期,人们开始建造石墓和石圈,这些建筑通常用于宗教和祭祀。例如,英国威尔特郡的斯通亨日石圈,由巨大的石头构成,可能用于宗教仪式。

总体来说,新石器时代的建筑风格和技术非常简单和原始,主要依赖当地的自然材料,如石头、木材、泥土和草。然而,这些建筑的规模和复杂度逐渐增加,反映了当时人类文明的进步和发展。

图 3-1 英格兰威尔特郡埃姆斯伯里巨石阵

图 3-2 英格兰威尔特郡埃姆斯伯里巨石阵近景

二、迈锡尼建筑

迈锡尼建筑是指古希腊文明时期迈锡尼城邦的建筑,大约在公元前16世纪到公元前1世纪。迈锡尼城邦位于希腊本土的东北角,是古代希腊文明的重要组成部分。迈锡尼城邦的建筑风格独具特色,具有以下特点。

迈锡尼建筑多采用石头和砖块建造,其中石头用作建筑的主要材料。这些石头是由巨大的石头块雕刻而成,然后组合在一起形成墙壁、柱子和门廊等建筑结构。迈锡尼建筑的独特风格表现在其巨大的石柱、简单的几何形状和粗糙的表面装饰上。这些装饰主要采用线条和几何形状的图案,通常用于墙壁和柱子的装饰。

迈锡尼建筑主要用于政治和宗教用途。城墙、城门和堡垒是保护城市的主要建筑,而宫殿和神庙则是政治和宗教权力的象征。宫殿建筑通常由多个建筑物组成,包括王室、贵族和祭司的住所以及存储和加工商品的场所。迈锡尼建筑是希腊文明时期的一种独特建筑风格,它在石制结构以及政治和宗教用途上都具有重要的特点。它是古代希腊文明建筑发展历程中的一个重要组成部分,对后来的希腊和罗马建筑等都产生了重要影响。

三、古埃及建筑

古埃及建筑是指公元前 3000 年到公元前 30 年,古埃及文明时期的建筑风格表现出了古埃及人在建筑领域的创造力和技艺。古埃及建筑类型有以下几种。

金字塔:古埃及建筑中最著名的就是金字塔。它们是古埃及王室和贵族的陵墓,通常由数万个巨石块组成。金字塔被认为是古埃及人精密工程的杰作,显示了古埃及人在建筑领域的高超技术水平和数学能力。

柱式建筑:古埃及建筑中的另一个重要元素是柱式建筑。这种建筑风格特别注重装饰性,柱子通常由花岗岩或石灰石雕刻而成,上面有复杂的图案和文字。

寺庙:古埃及寺庙是古埃及建筑的一个重要元素。它们是用于祭祀和礼拜的场所,通常由巨大的石块建成。古埃及寺庙通常包括一个中央大殿,周围有其他建筑,如神庙、礼堂和神龛等活化石建筑。这些建筑是通过多个王朝的建筑师和工匠的贡献建造而成,每个王朝都在这些建筑物上增添和改进。

总的来说,古埃及建筑是独特的,并表现出古埃及人在建筑领域的创造力和技艺,其风格在金字塔、柱式建筑、寺庙和活化石建筑等方面表现出独特的特点,这些特点一直影响着后来的建筑风格。

金字塔的建造始于公元前 27 世纪的第三王朝时期,持续到公元前 22 世纪。一些金字塔是为公元前 24 世纪第六王朝时期的古埃及法老而建造的,他们认为金字塔是能够确保法老在死后得到永恒生命的必要手段。

金字塔是由数千个巨石块建造而成,每个石块重达数吨,精确地放置在一起,以创造一个完美的几何形状。金字塔的建造方法非常精密,需要数万名工匠和建筑师花费几十年的时间来完成。古埃及人使用了一些惊人的技术,例如使用斜坡和滑轮来运输和举起巨石块,以及利用太阳的影子来测量建筑物的角度。

金字塔的形状非常独特,是一个由四个三角形组成的四面体形状,每个三角形都是等边等角的。这种几何形状需要非常高的技术水平来构建,因为它需要精确地测量和计算角度和长度。

金字塔被认为是古代埃及法老永恒生命的象征。在古埃及宗教中,法老被认为是神的化身,他们的身体是不朽的,因此金字塔是为了保护法老的身体免受自然和坏人的侵害。金字塔也是一个象征性的建筑物,代表着古埃及人在建筑和工程方面的技术水平和智慧。

金字塔的内部设计因建造年代和建造者而异,但大致都包括以下几个部分。

(1)入口:金字塔的入口通常位于金字塔的北侧,由一条长长的斜坡或陡峭的楼梯通向金字塔内部。

(2)过渡厅:入口后,通常会有一个斜坡过道,通往一个叫作"过渡厅"的大厅。这个大厅通常是金字塔内部最大的房间之一,装饰着壁画、雕塑和石柱。

(3)祭祀厅:从过渡厅通往另一个房间,叫作"祭祀厅"。这个房间通常很小,被认为是用来进行宗教仪式和供奉法老灵魂的地方。

(4)墓室:祭祀厅的后面通常是法老的墓室,墓室是金字塔内部最重要的部分。墓室通常被认为是法老的安息之所,因此会用贵重的陪葬品来装饰。

(5)食品室:在墓室下方通常还有一个叫作"食品室"的房间,用来存储法老来世需要的食物和物品。

(6)降温通道:金字塔内部还会有一些降温通道,用来保持墓室的温度稳定。

图 3-3　吉萨金字塔

　　狮身人面像，又称狮身人面神，是古代埃及的一种建筑和雕塑形式，通常是由石头雕刻而成，具有狮身人面的特点。狮身人面像最初出现在古代埃及的新王国时期，约公元前 1550 年至公元前 1069 年。最初它是保护王宫和寺庙的守护神，后来变成了一种象征性的建筑形式，出现在许多古埃及的宗教和文化场所。

　　狮身人面像通常高度约为 13 米，其狮身代表力量和勇气，人面代表智慧和统治力。在狮身人面像的头顶通常会有一顶像太阳船的帽子，代表它的神性和统治权力。狮身人面像在古埃及的宗教信仰中具有很高的地位。在古埃及的神话故事里，狮身人面像代表了守护太阳神阿蒙的神灵。

图 3-4　狮身人面像

图 3-5　胡夫金字塔

图 3-6　苏丹梅罗金字塔

　　大金字塔最重要的结构细节是内部设计。最初,工匠们在北走廊金字塔的基础上建造了一个地下墓穴,但在建造过程中,他们放弃了原来的计划,在地上建造了一个更大的墓穴。新墓穴的位置大概在金字塔中心,而原来的老墓室则被早期考古学家冠以"王后墓室"之名,其长约 10.5 米、宽约 5.2 米、高约 5.8 米。工匠们意识到坟墓里有几百米长的石头,这些石头一定承受着巨大的压力,使得设计更高的坟墓变得困难。古人在历史上第一次掌握了石材切割和拼接的精湛技术,并将原始石材结构的基本原理渗透其中。事实上,古埃及人是巨石建筑的主要设计师,世界上很难找到比法老陵墓更复杂的设计(每个屋顶由九块石头组成,总重量 400 吨,延伸到墓碑的宽边)。金字塔的上面是一个三角形拱顶,用来分散金字塔巨大的压力。

图 3-7　埃及阿斯旺康翁波神庙

图 3-8　埃及的阿布辛贝神庙

第二节　古典时期建筑

一、古希腊建筑

古希腊建筑是指古希腊时期（公元前 8 世纪至公元前 4 世纪）所出现的建筑风格。它是世界建筑史上的重要遗产，对后来的建筑风格和艺术产生了深远的影响。古希腊建筑追求简洁和谐的美学，建筑的比例和对称性是其核心。建筑的主要构件如柱子、梁、屋顶等都有标准的比例和规格，保证了建筑的稳定和美观。

古希腊建筑采用柱式建筑，包括三种不同的柱式：多立克柱式、伊奥尼亚柱式和科林斯柱式。这些柱式均由柱身、柱头和柱基三部分组成，柱头形状各异，例如多立克柱头为带有凸缘的圆盘状，伊奥尼亚柱头则呈现出一种类似于双螺旋的形态。

图 3-9　希腊雅典卫城古建筑依瑞克提翁神庙

古希腊建筑中最具代表性的就是神殿建筑，神殿建筑通常由柱廊、前厅和神殿三部分组成，其中柱廊是建筑的主要装饰元素。古希腊神殿建筑通常建造在高处,为了强调它们与周围环境的联系,会使用台基或台阶。古希腊建筑中使用了石块、大理石和陶瓦等材料。其中石材被用来建造建筑的基础和柱子等主要结构,而陶瓦则被用来制作屋顶和装饰。

图 3-10 亚美尼亚古罗马神庙遗址

公共建筑是那个时代的特色。在古代,按当时的标准,希腊乡村可谓人口众多,却没有什么有名的建筑,充其量也只有零星、孤立的乡村神庙,而大量"举足轻重"或"典型"的建筑都在城市中心。

二、古罗马建筑

古罗马建筑设计是古代罗马时期所采用的建筑风格和技术。它是一种独特的建筑风格,具有较高的技术水平和艺术成就。

古罗马建筑采用了拱和穹隆结构,这些结构使得建筑更加坚固和稳定。古罗马人还发明了混凝土技术使得建筑的构造更加灵活和容易实现。古罗马的神殿建筑通常具有对称性和比例美,前面有台阶,主要材料是大理石和混凝土。其中最著名的是罗马帕拉蒂尼山上的帕拉蒂尼神庙。

古罗马人重视城市规划和公共建筑,他们建造了大量的道路、桥梁、公共浴场、剧院和斗兽场等建筑,这些建筑可以容纳大量人口和举行各种文化活动。古罗马的公共建筑是其建筑遗产的重要组成部分,这些建筑在古代罗马是非常重要的,因为它们代表了罗马共和国和罗马帝国的权力和影响力。

（1）斗兽场:斗兽场是古罗马最著名的公共建筑之一,也被称为竞技场。它们通常被用于举行野兽和人类的斗争,如狮子、老虎和人类角斗士之间的战斗。罗马的最大斗兽场是罗马斗兽场,可以容纳超过5万人。

（2）浴场:古罗马的浴场通常被用于公共清洗,同时也是社交、文化和健身的场所。浴场通常被建造得非常大且装饰精美,如卡拉卡拉浴场和迪奥克利特浴场等。

（3）剧院:古罗马的剧院通常用于举办音乐、戏剧和其他表演艺术节目。它们通常是半圆形的,配有阶梯座位和舞台。罗马的最大剧院是"庞贝剧院",可以容纳约5000名观众。

（4）神庙:古罗马的神庙通常用于供奉神灵,是宗教仪式和庆典的场所。这些建筑通常具有高度的对称性和比例美,如巴底农神庙。

（5）论坛:古罗马的论坛通常被用作政治商业和公共生活的中心。它们包括了市场、广场、神殿和法庭等建筑,如罗马论坛和凯撒广场。

罗马人在组织和规划方面的才能可以从许多方面看到。例如,在罗马帝国,他们的法律制度是西方法律的源头,而在罗马和平后期,一个半世纪的和平要归功于罗马人聪明的管理,特别是在建筑和城市规划方面,这种才能更为明显。巴西利卡(长方形会堂)和寺庙,以及住宅区、商店和办公室旁边的宽阔街道,仓库和排水系统的规划标志着城市建筑的新变化。新建筑技术的引入极大地促进了桥梁、输水管道和连接城市的新公路的开发和改造。

罗马人穹顶建筑的始祖是古代世界中的宗教建筑和陵墓,但有一点需要指出,这类古代建筑中很少允许普通公众出入。在探索公共穹顶空间的可行性方面,浴室、皇宫、离宫,尤其在万神庙的设计上,罗马人竟发展了混凝土在拱顶建设中的技术应用。

混凝土技术是在公元前3世纪和公元前1世纪间发展起来的,罗马人由于缺乏邻近大理石矿的便利条件,便采用了灰浆碎石建构法,混凝土便出于此。帝国建筑师们是凭借着不断增加的勇气来应用混凝土的,尤其在拱顶建造上,这种勇气使他们能够创造一种新型空间建筑,让整座建筑成为一个精美的壳体。罗马的混凝土是一种由极小的碎石凝集而成的灰浆,通常被涂抹在粗糙不平的表层。虽然它不能像现代混凝土那样混合和灌注,但它确实从一种砖墙之间的碎石填充物发展成为一种建筑材料,找到了自己的位置,能够建造墙体、拱形和穹隆。它的大部分强度都来自它的灰浆成分,这种灰浆把石灰与在罗马附近发现的火山灰混合到一处。

第三节　中世纪建筑

一、早期基督教建筑

早期基督教建筑主要可以分为以下几种样式。

拜占庭风格建筑的代表是圣索菲亚大教堂,这种风格的特点是圆顶和拱顶的结构,以及精美的壁画和马赛克。这种风格主要出现在东罗马帝国和拜占庭帝国时期。

罗曼式风格建筑的代表是圣彼得大教堂,这种风格的特点是厚重的石墙、圆拱门、半圆拱顶、粗壮的柱子和圆柱式的拱顶。这种风格主要出现在罗马天主教教堂建筑中,时间跨度大约从 6 世纪末到 12 世纪初。

哥特式风格建筑的代表是巴黎圣母院,这种风格的特点是尖拱门、尖拱顶、高而细的拱柱和精美的玫瑰窗。这种风格主要出现在 12 世纪到 16 世纪,是中世纪欧洲最流行的建筑风格之一。

对罗马帝国来说,第三世纪是一个政治动荡、经济衰退和频繁内战的时期。对传统宗教的不满已经到了危机的边缘。此时,基督教提供了一个吸引人的人物——耶稣基督。与官方传统宗教仪式相比,基督教仪式更简单,任何人都可以掌握。基督教的领袖是具有神圣力量的人,比如圣保罗,他将基督的话传遍了整个王国。基督教之所以取得如此巨大的成功,是因为在一个衰落和动荡的世界里,它不仅提供了光明的希望和绝对的安全,还为人们提供了关怀和安慰。

公元前 330 年,罗马移居君士坦丁堡后,失去了作为帝国中心的地位。公元前 350 年,米兰成为意大利皇帝的物质居所和西罗马的政治中心,在随后的 373 年里,米兰成为意大利的首都,建立了许多重

要的教堂,其中两个教堂(变化很大)有着独特的建筑形式:圣徒教堂
(Church of the HolyApostles,位于现在的圣纳扎罗)与圣洛伦佐教堂
(S·Lorenzo)。

　　与大面积的圣迭戈教堂相比,圣洛伦佐教堂是一个空间规划和结
构复杂的教堂,建于393年。它双层壳式的平面与早期帝国陵以及
宫殿、别墅等建筑有关,比如金宫、提沃利的别墅以及阿梅里纳广场
(PiazzaAmerina)。圣洛伦佐的中央高地向四个方向延伸,形成了一个
半圆顶结构,由两个直柱分开,并由它们支撑。但L形柱是由圆弧支撑
的,事实上它仍然是绕着圆形弯曲的,形成360度的环绕效应。另外,
横梁的水平支撑结构已经达到了支撑的足够强度。厚壁沿半径的曲线
轮廓形成四边形凸起,在拐角处,外壁旋转形成方形(其中内L形角柱
成为方形角柱),与中央穹顶一起形成了丰富而生动的轮廓。

二、拜占庭建筑

　　拜占庭建筑是指受拜占庭帝国影响而产生的建筑风格,主要出现在
公元4世纪到15世纪的东罗马帝国和拜占庭帝国地区。其特点是大量
采用拱形和圆顶结构,以及彩色玻璃、壁画和马赛克等装饰元素。

　　拜占庭建筑最突出的特点是圆顶和拱顶结构,这种结构可以用来支
撑大型的建筑物,并且能够保证较好的抗震性能。圆顶的顶部通常有个
小孔,让阳光透过来,形成独特的光影效果。拜占庭建筑采用了大量的
装饰元素,包括彩色玻璃、壁画和马赛克等,这些装饰元素能够营造出
宏伟、绚丽的氛围。其中,马赛克是拜占庭建筑的最大特色之一,常常用
来描绘宗教场景和人物形象。

图 3-11　西西里岛古城锡拉库萨广场全景图

图 3-12　意大利西西里岛锡拉库萨大教堂

　　拜占庭建筑中还广泛采用了半圆形拱门和拱形窗户,这些装饰元素不仅美观,而且有利于增加建筑物的采光和通风效果。拜占庭建筑中常用的建筑材料包括砖、石和大理石等,建筑结构则大多采用柱子和拱形结构,使建筑物可以承受更大的重量和力量。

三、哥特式建筑

　　哥特式建筑是一种中世纪欧洲的建筑风格,起源于 12 世纪,盛行于 13 世纪和 14 世纪。哥特式建筑风格的主要特点是尖拱形的拱门和拱顶、尖顶的尖塔、花窗玻璃和精美的石雕及雕塑。

　　哥特式建筑最显著的特点是尖拱形的拱门和拱顶,这些拱形结构提供了更高的支撑力和更好的结构稳定性,使建筑物能够更高、更宽、更开阔。哥特式建筑的标志性元素之一是尖顶的尖塔,通常用来装饰教堂、城堡和其他建筑物的塔楼。这些尖塔被赋予了象征性的意义,表达了天堂、上帝和教会的理念。

　　哥特式建筑的另一个特点是花窗玻璃,它可以用来制作彩色玻璃窗,呈现出精美的花卉、人物和其他图案。这些彩色玻璃窗可以在教堂内营造出独特的光影效果,形成神秘、庄严的氛围。哥特式建筑中还广泛使用了石雕和雕塑,这些艺术品通常用来装饰建筑物的门廊、柱子和拱顶等地方。这些雕刻精美的作品可以展现宗教和历史故事,使建筑物更加壮观和宏伟。

为了聚集人们,提供会议和咨询的场所,城市里的大量建筑开始拔地而起。当时基督教仍然存在,教堂的建设被认为是一个里程碑。工业和资本贸易的发展构成了建筑发展的经济基础。早期的基督教堂由木结构的巴西利卡式改为石建巴西利卡形式,一方面有利于长期保存,另一方面也是统治者权力的体现,因此石材开始广泛用于教堂建筑。

威斯敏斯特教堂是英国早期哥特式建筑的杰作,也是英国最大的教堂之一。英国发展了哥特式建筑,除了具有国家哥特式建筑的特点外,还形成了哥特式建筑风格和英国风格,甚至后来影响了其他国家的哥特式建筑风格。

图 3-13 巴黎圣母院玫瑰窗

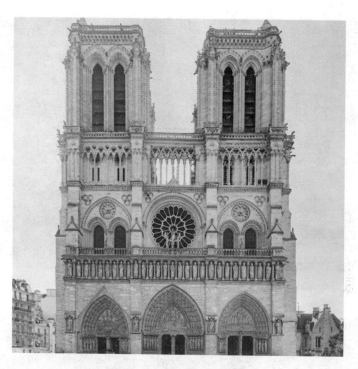

图 3-14　巴黎圣母院外部

图 3-15　巴黎圣母院内部

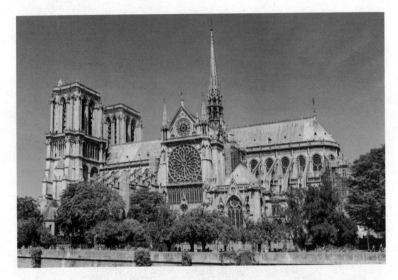

图 3-16　巴黎圣母院外观

图 3-17　哥特式建筑西班牙塞戈维亚大教堂

图 3-18　法国亚眠大教堂正面

图 3-19　法国亚眠大教堂背面

图 3-20　科隆大教堂穹顶

图 3-21　科隆大教堂外部

图 3-22　科隆大教堂内部

图 3-23　西班牙马德里阿穆德纳圣母教堂

第四节　文艺复兴与巴洛克时期建筑

一、文艺复兴建筑

文艺复兴建筑是欧洲文艺复兴时期出现的一种建筑风格,主要出现在 15 世纪末期到 17 世纪初期的意大利。文艺复兴建筑受到古典主义思想的影响,追求建筑的规整、对称和平衡。建筑师开始研究古希腊和罗马建筑的形式和原则,并试图将其应用于当代建筑设计中。

文艺复兴建筑注重人文精神和人类理性,反对宗教和神秘主义。建筑师认为建筑应该服务于人类,并且应该表现出对人的尊严。文艺复兴建筑强调对称性和比例感,建筑师试图通过对建筑结构、布局和细节进行精确计算,使建筑物看起来更加和谐和美丽。

文艺复兴建筑引入了一些新型建筑元素,如拱形、穹顶、壁柱等,这些元素在古典主义建筑中得到了广泛应用。同时,新的建筑材料也被广泛采用,如钢筋混凝土、玻璃等。

文艺复兴建筑的装饰非常精美,包括雕塑、壁画、绘画和花岗岩、大理石等材料的使用。这些装饰元素反映出建筑师和艺术家们对美学和细节的追求。文艺复兴建筑的特点主要表现在对古典主义的回归和应用、对称和比例的强调、新型建筑元素的引入和装饰的精美等方面。这些特点对欧洲建筑风格的发展产生了深远影响,并且在现代建筑中仍然有所体现。

意大利辉煌的文艺复兴文化对整个欧洲产生了深远影响,但这种影响最初仅限于装饰细节,后来逐渐扩展到宣扬活力和力量的哥特式宗教。佛罗伦萨是一座令人难忘的经典意大利城市,它展示了一系列迷人而优雅的经典设计,影响了佛罗伦萨建筑师近三个世纪,如佛罗伦萨的八角形交叉式阿诺尔福大教堂。

菲利浦·伯鲁涅列斯基(1377—1446)制造了一套代替拱架的系统,其具有四个最重要的特点:第一,穹顶与平券牢固连接,如同万神庙的混凝土浇灌房顶；第二，为它建造一个中空的两层外壳，以便尽可能地减轻重量，这一设计得益于比萨洗礼堂和佛罗伦萨洗礼堂的启示；第三，模仿哥特式肋拱建筑，将房顶的外层延至由 24 个肋拱组成的构架；第四，由于一个尖拱所发挥的效力比一个圆拱所发挥的效力更直接、更集中。

　　他选择将房顶盖成一个矢形的外观，而不是类似万神庙那样的球形。

　　他通过埋入一根由石环和铁链连接在一起组成的链条，进一步将房顶牢牢地固定在一起，并采用了框架结构中浇灌泥石等建筑技术。他学习和借鉴的不仅是万神庙，而且还有像梅迪卡神庙等其他罗马建筑的拱顶。他更重视学习建造技术而不是复制罗马建筑的外观和表象，这一点使他有别于许多文艺复兴时期的建筑家。

图 3-24　梵蒂冈圣彼得大教堂

　　圣彼得大教堂是文艺复兴时期建筑的代表之一，圣彼得大教堂的标志性建筑元素是它的圆顶，高达 136 米，是世界上最大的基督教堂圆顶之一。圆顶是由米开朗基罗设计的，它的形状类似于一个倒置的碗，内部有着复杂的结构支撑，它的轮廓线条简洁流畅，造型优美。

圣彼得大教堂的立面是由卡洛·马代尔诺设计的，他非常注重对称和比例。立面被分为三个部分：中央部分是一个大圆拱门，两侧是四根柱子和三个拱门。整个立面的比例和对称性非常协调，使人感到非常和谐。

圣彼得大教堂内部有大量的艺术装饰，包括壁画、雕塑、彩色玻璃窗等。其中最著名的艺术品包括米开朗基罗的《圣母升天》和《耶稣受难》，拉斐尔的《圣母子》等。圣彼得大教堂内部有很多高大的柱子和拱形走廊，它们用来支撑整个建筑的重量，也为教堂增添了一分雄伟壮观的气息。

总的来说，圣彼得大教堂是文艺复兴时期建筑的代表之一，它通过圆顶、对称的立面、丰富的艺术装饰以及高大的柱子和拱形走廊等建筑元素，展现出文艺复兴时期建筑的典型特征，并为圣彼得大教堂营造了一种高雅庄重的氛围。

图 3-25　梵蒂冈圣彼得广场

图 3-26　圣彼得大教堂圆顶

图 3-27　梅尔克修道院

图 3-28　梅尔克修道院

图 3-29　叶卡捷琳娜宫

二、巴洛克建筑

　　巴洛克建筑是一种起源于 17 世纪欧洲的建筑风格,最初出现在意大利,后来逐渐传播到整个欧洲和美洲地区。它的特点是具有丰富的装饰和强烈的动感,同时还具有浓厚的宗教气息和君主专制的象征意义。

　　巴洛克建筑以极为丰富的装饰为特点,常常使用大量的雕刻、壁画、镀金等装饰手法,营造出华丽、富丽堂皇的效果。巴洛克建筑注重给人以强烈的动感,常常采用对称、曲线等设计手法,使建筑具有流线型的形态。巴洛克建筑采用多个建筑体量和建筑元素的组合,使得建筑呈现出复杂的结构和层次感,从而创造出更为丰富的空间体验。

巴洛克建筑起源于宗教场所,因此在设计上常常带有浓厚的宗教气息,如拱形穹顶、壁画、祭坛等。巴洛克建筑也被视为君主专制的象征,建筑上常常有君主和王室的标志和象征物,如徽章、纹章、雕像等。

叶卡捷琳娜宫(Catherine Palace)是俄罗斯圣彼得堡郊区普希金城市的一座宫殿,它的建筑风格属于巴洛克和新古典主义混合风格。叶卡捷琳娜宫是一个巨大的宫殿,长达300多米,内部有大量的房间和庭院。它的立面非常华丽,有大量的雕塑和装饰,使人们在欣赏的时候感到庄严和豪华。

叶卡捷琳娜宫的立面有两座壮观的拱门,分别代表着智慧和力量,中央是一个巨大的圆顶,直径达到了25米。整个圆顶非常壮观,被认为是叶卡捷琳娜宫最著名的建筑元素之一。叶卡捷琳娜宫内部有大量的花卉和浮雕装饰,这些装饰通常是以天使、神话故事和皇室肖像为主题。这些装饰非常精美,展现了巴洛克和新古典主义风格的典型特点。

叶卡捷琳娜宫的装饰以金色为主色调,包括金色的镶嵌、金色的壁画和天花板等。这些装饰非常华丽,使得叶卡捷琳娜宫成为一个闪闪发光的宫殿。

图 3-30　叶卡捷琳娜宫花园秋景

图 3-31　圣地亚哥大教堂

图 3-32　圣地亚哥大教堂外墙

第五节　18—19世纪建筑

一、英国建筑

18世纪英国建筑是指在18世纪时期,出现在英国的建筑风格。在这个时期,英国经历了工业革命和城市化的大规模变革,建筑风格也发生了很大的变化。

18世纪的英国建筑深受古典主义影响,建筑师开始研究古希腊和罗马建筑,并将其运用到自己的设计中。这种古典主义建筑风格被称为"新古典主义"。英国建筑非常注重对称和比例,建筑师常常使用重复的元素来创造对称感,如窗户、柱子等。建筑中也出现了一些带有浪漫主义色彩的建筑,如哥特式建筑和新古典主义建筑中的巴洛克风格等。

在18世纪英国建筑中,园林设计也开始受到重视,建筑师开始将建筑和自然环境融为一体,创造出美丽的花园和公园。建筑中砖和石的结合成为一种常见的手法,建筑师常常使用砖墙来围绕建筑,然后使用石柱、石门廊等来装饰建筑的门窗等部分。

二、法国建筑

18世纪法国建筑在装饰上有明显的新古典主义风格,建筑师开始模仿古罗马建筑和文艺复兴时期的意大利建筑,强调对称、比例和对线。18世纪的法国建筑非常宏伟,建筑师喜欢使用大理石、黄铜和铁质等材料进行装饰,建筑物的门廊、柱子、壁龛等部分常常带有浮雕和雕塑。

18世纪的法国建筑师非常注重建筑和花园之间的联系,他们设计了一些独特的花园,如凡尔赛宫的花园,这些花园采用了对称的几何设计理念,与建筑物相得益彰。贵族阶层非常富有,他们倾向于建造奢华的建筑,这些建筑通常都很昂贵,需要花费巨大的财力来建造。

三、美国建筑

在美国殖民时期，建筑师主要采用欧洲传统的建筑风格，如荷兰式、英国乔治王朝风格等，这些风格的建筑具有朴素、坚固和实用等特点。在18世纪初期，美国的宗教建筑风格显著，一些教堂采用了欧洲的古典主义建筑风格，如新古典主义、哥特式等。

18世纪后期，美国的建筑师开始采用英国乔治王朝时期的建筑风格，这种风格被称为"美式乔治王朝风格"，具有华丽、对称和装饰性强的特点。这种风格的建筑通常采用红砖和白色的木制细节来装饰门窗等部分。

由于当时缺乏建筑材料和技术，18世纪的美国建筑通常采用木结构，这些木结构建筑非常牢固，而且可以轻松地进行扩建和改造。建筑师通常采用节约和实用的设计理念，设计的建筑通常都是为了解决实际问题而建造的，如商业建筑、住宅等。

美国的希腊复兴式建筑风格受到了英国建筑和英国考古出版物的影响，作为从欧洲移植成功到这个新世界而受到赞誉。这种建筑风格体现了民族意识的多姿多彩，在公共建筑和家庭建筑中被广泛运用。19世纪40年代和50年代还经历了哥特复兴式的兴起，它同样受到英国的影响，但远不及希腊式那么成功。各种风景如画式的流行建筑样式，如希腊哥特式、都铎式、意大利式、埃及式，在19世纪初期的美国和英国风靡一时。但比其他的建筑更能为哥特式确定一个准确的新标准的建筑却是纽约市的三一教堂。它是由理查德·厄普约翰（1802—1878）设计的，他于1829年从英格兰移民美国，并且是一名美国圣公会的虔诚信徒。而美国圣公会和英国圣公会是同一教派，并且一直都主张使用哥特复兴式。三一教堂是一座精致的哥特式的建筑，它明显受到了普金在《基督教建筑的真实原理》（1841年）中所宣布的理想教堂的观点的影响。这是厄普约翰职业生涯的开始。之后，他设计了将近40座教堂，但不都是哥特式的，因为他与许多德国同时代的建筑师一样，采用了圆顶式设计。

第六节　现代建筑的诞生与发展

一、现代建筑的诞生

现代建筑是 20 世纪初期的建筑风格,它与传统建筑不同,强调建筑的功能性和实用性,以及使用先进的工艺和材料,满足现代社会的需求。现代建筑的诞生可以追溯到 19 世纪末,当时建筑师开始关注新材料和新技术,如钢铁、混凝土和电气设备等。

现代建筑在设计、材料、施工技术等方面都有了革命性的变化,体现了现代工业化和科技进步的特点。早在 19 世纪末,德国就出现了一场名为"工艺运动"的社会运动,它强调传统工艺和手工艺术的价值,对建筑师的影响深远。20 世纪初期,北欧国家的建筑师开始尝试用新材料和新技术来创造建筑,如芬兰的阿尔瓦·阿尔托、丹麦的阿恩·雅各布森等,他们在建筑上注重实用性和功能性,同时也注重设计的美感和人性化。

1925 年在巴黎国际博览会上,现代主义建筑得到了广泛的展示和推广,如勒·柯布西耶的德国巴瑞机器大厦,建筑采用钢结构和玻璃幕墙,开创了现代建筑的先河。20 世纪中期以后,现代建筑在全球范围内广泛应用,建筑师开始探索新的建筑风格和材料,如高科技建筑、生态建筑等,推动了建筑的发展和创新。

现代建筑的诞生离不开新材料和新技术的发展,同时也受到社会和文化背景的影响。建筑师在不断的实践中推陈出新,创造出了一系列的现代建筑经典。

现代建筑的发展历程可以概括为以下几个阶段。

（一）新艺术运动和现代主义前期

20 世纪初期,新艺术运动和现代主义前期是现代建筑的起源。新艺术运动主张将艺术与生活结合,追求装饰性和美感;而现代主义前期则倡导简洁、实用和功能性,强调形式应该服从功能。这两个流派相互交融,为现代建筑奠定了基础。

(二)现代主义的兴起

20世纪20年代,现代主义在欧洲开始兴起。它强调把建筑作为一种机器,追求工业化、标准化和可持续性,主张将建筑从装饰性转向功能性。现代主义建筑的代表作品是勒·柯布西耶的"国际风格"建筑。

(三)后现代主义的出现

20世纪60年代后,后现代主义开始兴起,后现代主义建筑强调形式的自由和多样性,打破了现代主义强调的功能和标准化的限制。代表作品包括法国的卢浮宫金字塔和美国的格林尼治村文化中心。

当时一些建筑师开始反对现代主义建筑的冷峻和功能主义的理念,他们试图打破传统的建筑风格和规则,创造出更加多样化、富有表现力和有趣的建筑形式。

这些建筑师尤其注重建筑的符号性和象征性,强调建筑作为一种文化和艺术形式的意义。他们的设计风格具有多样性和反传统性,常常表现为多层次、不规则、非对称和具有大量的装饰和细节。

后现代主义建筑还强调了建筑与环境的关系,试图将建筑融入周围的自然和城市环境中,创造出更加有机的建筑形式。建筑师也尝试使用新的材料和技术,例如钢、玻璃、混凝土、陶瓷等,来创造出更加奇特和有趣的建筑形式。

(四)环保和可持续建筑的发展

近年来,环保和可持续建筑的理念越来越受到关注。这种建筑风格强调能源效率、资源回收和生态友好,倡导将建筑融入环境。代表作品包括英国的伦敦市政厅和美国的洛杉矶市政府大楼。

蓬皮杜艺术中心(Centre Georges Pompidou)是一座位于法国巴黎市中心的现代艺术博物馆和文化中心,由意大利建筑师雷纳佐·皮亚诺、英国建筑师理查德·罗杰斯和意大利建筑师吉安·弗朗切斯科·卡佛设计,于 1977 年落成。它以其独特的建筑风格和创新的设计而著名,也成为巴黎市的标志性建筑之一。

蓬皮杜艺术中心的建筑外观非常引人注目。建筑物的骨架结构是由一组不同颜色的钢管组成,这些钢管被设计成露在建筑物的外面,构成了一个蜂窝状的网格结构。这个结构的设计不仅非常美观,而且还起到了建筑物内部空间的支撑作用。建筑物的立面上设置了大量的通风口和管道,这些通风口和管道的颜色与钢管的颜色相呼应,使整个建筑物的外观看起来非常独特和有趣。

蓬皮杜艺术中心内部的空间设计也非常出色。它的展览空间被安排在建筑物的中心位置,采用开放式的设计,可以适应不同种类的展览和展品。此外,艺术中心内还设有图书馆、电影院、音乐厅、演讲厅、餐厅等多种设施,以及一个全年无休的现代艺术和文化活动日程表。

蓬皮杜艺术中心的建筑风格和创新设计使其成为当代建筑领域的里程碑,也使其成为法国最著名的文化中心之一。每年,蓬皮杜艺术中心吸引着数百万游客和艺术爱好者前来参观和参加各种文化活动。

二、现代主义

(一)新艺术运动

新艺术运动(Art Nouveau)是 19 世纪末到 20 世纪初的一种艺术和设计的运动,起源于欧洲,并迅速传播到全世界。这种运动的特点是强调艺术与工艺的结合,注重线条、色彩和形式的自由和装饰性。它也被称为"新艺术""朝圣的艺术""装饰艺术""自然主义"等。

新艺术运动在不同的艺术领域都有影响,包括建筑、家具、平面设计、珠宝、时装等。在建筑领域,新艺术运动主张采用有机的曲线、装饰性的细节和自然元素,强调建筑的整体性和统一性。在家具设计领域,新艺术运动鼓励创造华丽的家具,运用线条、曲线和曲面,强调细节和装饰性。在平面设计领域,新艺术运动倡导平面设计与印刷工艺相结合,注重线条和形式的变化。

新艺术运动的主要特点包括以下五点：

（1）强调艺术与工艺的结合，追求艺术品和日常用品的统一性；

（2）注重线条、形式和色彩的变化和流畅性，运用自然元素和曲线等装饰性元素；

（3）推崇"艺术贵族"思想，强调艺术作品的精致、华丽和高雅；

（4）对手工艺和传统技术的重新评价，鼓励创新和实验；

（5）强调艺术家的独立性和个性，倡导追求自由和创造力。

（二）包豪斯

包豪斯是一个重要的现代主义设计学派，它起源于 20 世纪初的德国，主要关注将美学和实用性结合起来，同时也强调工业化的生产和材料的运用。该学派的创始人包括华特·格罗皮乌斯、米斯·凡·德·罗和约瑟夫·阿尔伯斯等。

包豪斯的宗旨是追求一种新的设计和制造方式，通过将艺术、手工业和工业技术相结合，提高产品的实用性和美观性。在包豪斯的教育中，学生被鼓励探索新的材料和技术，追求极简主义的设计风格，强调线条、形状和颜色等元素的组合。

在建筑方面，包豪斯的设计思想注重实用性和经济性，采用现代化的建筑材料和技术，避免使用过多的装饰而浪费空间，力求简约但不失美感。包豪斯的建筑师常常运用简单的几何形状、平面的构图和明亮的色彩，以此强调建筑的结构和功能。

在工业设计和平面设计方面，包豪斯也是非常有影响力的。包豪斯的设计师设计了许多具有划时代意义的家具、灯具、餐具和其他家居用品，它们注重简洁的线条和实用的功能，成为现代设计的典范。

图 3-33　包豪斯

第七节　当代建筑

　　当代建筑是指当代社会（通常指 20 世纪后半叶至今）所创造的建筑艺术形式。它是建筑设计、建筑科技、建筑文化和社会环境等多种因素的综合体现,反映出当代社会的思想、文化、科技和审美特征。

　　当代建筑注重建筑的功能性和人性化,同时也重视建筑与环境的协调与融合。在建筑材料、建筑技术和建筑风格等方面,当代建筑也呈现出多样化和创新性。在当代建筑中,可以看到一些新的建筑类型和风格,如现代主义、后现代主义、高科技建筑、生态建筑等。

　　当代建筑也受到社会、经济和环境等多方面的影响,反映出时代的特征和趋势。在当代建筑中,建筑师更注重建筑的可持续性和绿色环保,推崇低碳、节能、环保的建筑理念,以及人性化的建筑设计,致力于打造更加舒适、美观、安全、环保的建筑环境。

当代建筑的实例有很多,以下是几个比较典型的例子。

巴黎卢浮宫玻璃金字塔是美国建筑师贝聿铭的代表作之一,建成于1989年。它采用了现代建筑中的玻璃幕墙和金字塔造型,将传统建筑与现代建筑巧妙地结合起来,是卢浮宫新馆的标志。

金字塔共有四座,最高的一座高22米,两座较低的金字塔高约6米。金字塔内部有楼梯和电梯,可以通向地下的大厅和博物馆的各个展厅。地下大厅是该建筑的核心,其面积达到了1.8万平方米,可以容纳许多游客。大厅的设计灵感来自中世纪法国的市集广场,它的建筑形式与外面的金字塔呼应形成了内外统一的整体。大厅顶部采用了钢结构和玻璃幕墙,透过玻璃可以看到上方的金字塔,形成了独特的空间感。

卢浮宫玻璃金字塔作为现代建筑的代表之一,引起了建筑界和社会大众的广泛关注和赞誉,成为巴黎的标志性建筑之一,也是世界上最著名的建筑之一。

迪拜塔(Buri Khalifa)是位于阿拉伯联合酋长国迪拜市中心的一座超高层摩天大楼,高828米,是目前世界上最高的建筑。它的建筑风格是一种后现代主义的建筑风格,结合了伊斯兰风格和当代元素,具有许多独特的设计特点。

迪拜塔的外形呈锥形,顶部采用了喇叭形设计,使整座建筑物看起来像是一朵巨大的花朵。建筑外墙覆盖了一层银色的不锈钢面板和玻璃幕墙,呈现出光滑的曲线和反射光影的效果。迪拜塔的结构设计采用了先进的钢筋混凝土框架结构,包括一个中心核心筒和多个翼墙,使其能够承受高强度的风力和地震。在建造过程中,还使用了许多新的建筑技术和材料,如高强度混凝土、钢和玻璃等。迪拜塔内部的设计也非常精美,包括宽敞的办公空间、高档的酒店、豪华的公寓和娱乐设施等。

悉尼歌剧院(Sydney Opera House)是世界上最著名的现代建筑之一,建于20世纪60年代,于1973年正式开放。它的建筑风格是后现代主义建筑,采用了独特的设计和创新的工程技术,成为世界上最具代表性的建筑之一。

图 3-34　迪拜塔仰拍

图 3-35　迪拜塔

悉尼歌剧院的结构设计也是其独特之处。它采用了一种称为"壳结构"的设计方法,由 1056 个预制混凝土构件组成,使得歌剧院成为世界上最大的混凝土建筑之一。

悉尼歌剧院的外形十分独特,它由一系列白色混凝土构成的"帆"组成,呈现出强烈的动感和流线型。这种帆形设计是由建筑师乌杰恩所创造的,他受到了大自然的启发,以悉尼港湾上飘动的船帆为灵感。

悉尼歌剧院的内部设计也非常精美,包括各种不同类型的演出厅、剧场、画廊、餐厅等。这些空间都采用了现代化的设计和技术,以提供最佳的音响和视觉效果。

第四章

建筑的艺术与文化

　　建筑文化是人类文明史的重要组成部分,它是人类生活与自然环境不断互动的产物。建筑文化随着时代的变化而变化,在不同的社会文明中,建筑文化反映出不同的建筑价值。建筑文化还具有浓厚的地域色彩,例如,东西方的建筑风格就有很大差异,中国北方的建筑与中国南方的建筑也各不相同。建筑文化具有丰富的想象力和多种多样的表现形式,可以说,它完美地融合了深厚的艺术精神内涵和丰富的艺术形式。

第一节　建筑设计与地域文化

一、庄严正统的中原建筑文化

　　中部平原地区气候温暖,土壤肥沃,生态环境适宜精耕细作,自古以来,它一直是农业群体的聚居地。黄河流域是一个旱作精耕农业地区,人口密集,村庄和城镇很多。中部平原的汉人对中国古代文明的历史进程做出了杰出的贡献。中部平原文化作为具有鲜明地域特色的文化遗产,曾经有着悠久的辉煌历史。衙署(图4-1)、民居通用的北京四合院(图4-2)、晋商大院(图4-3)、黄土高原窑洞(图4-4、图4-5)是典型的中原建筑形式。中原地区的建筑布局、结构、形式深受政治制度、审美标准以及生活方式等影响。

图 4-1　衙署

图 4-2　四合院

图 4-3　山西乔家大院

图 4-4　陕北窑洞

图 4-5　陕西窑洞

二、灵秀多姿的江南建筑文化

长江流域雨量充沛,土地肥沃。由于畜牧业技术的突破和灌溉技术的成熟,水稻比旱地作物产量更高,收获更稳定。南迁的汉人与百越族先民共同开发和建设了这片美丽富饶的土地;农业文化和儒家文化日益繁荣,江南文化也在追赶其他文化,闪耀着中国之光。优美的自然环境,悠久的历史文化,特别是发达的商品经济和市场流通网络体系,造就了江南繁荣而富有魅力的传统建筑文化。水镇的房屋和竹林,镇中四散的人、桥、巷就像一幅画。在南方的城市景观、街道和房屋布局中都可以找到水的踪迹。

江南城镇形成了水巷建筑的独特风貌(图4-6至图4-7)。上海的弄堂石库门住宅(图4-8)也是从传统的院落式江南民居演变而来的。

图4-6   西塘夜景

图4-7   上海的江南古镇朱家角风光

图 4-8　石库门住宅

三、粗犷硬朗的东北建筑文化

东北建筑特色明显，满族口袋房、朝鲜族满炕矮屋、鄂伦春仙人柱是典型的东北地域建筑。传统东北民居古朴、简练、敦实、宽敞。图 4-9 和图 4-10 为东北雪乡建筑。

图 4-9　东北牡丹江雪乡（1）

图 4-10　东北牡丹江雪乡（2）

四、丰富多样的山地建筑文化

我国西南地区地貌的特点是较为破碎,原因是这里靠山近水,地形被金沙江、澜沧江等反复切割,在这里长期生活的人们,早已形成了一整套有关刀耕火种的生活习惯。

由于受到当地地形特点的影响,这里的村寨选址一般都很开阔,十分便于耕作。这里以少数民族为主,这些少数民族根据地形地势设计修建了很多特色建筑,比如,贵州、广西等地的侗族就建造了侗寨(图4-11、图4-12)、鼓楼(图4-13)、风雨桥(图4-14)等。

图 4-11　贵州侗寨（1）

图 4-12　贵州侗寨（2）

图 4-13　广西三江侗族鼓楼

图 4-14　风雨桥

图 4-15　藏式建筑

图 4-16　内蒙古呼伦贝尔蒙古包

五、诗性壮美的草原建筑文化

　　活跃在辽阔草原上的少数民族先民,在漫长的历史进程中,形成了英雄崇拜、崇尚自然、追求自由的草原文化。适应游牧生活的建筑,主要是可移动的蒙古包。定居的牧民常常使用井干木楞房、木肋平顶房。

图 4-15 为藏式建筑,图 4-16 是内蒙古呼伦贝尔蒙古包。

在漫长的历史进程中,生活在辽阔草原上的少数民族的先民创造了独特的生存技能,积累了生存智慧,形成了崇尚英雄、崇尚自然、崇尚草原的自由的精神文化。

第二节　建筑风格与文化

随着社会的不断发展,人们的生活水平有了显著提升,人们对建筑物风格的设计要求也在逐渐提高。建筑设计会涉及很多方面,比如经济、地域等,建筑设计可以表现出一种建筑文化,体现出建筑风格的变迁,所以建筑设计风格与建筑文化有很直接的联系。

一、建筑文化的核心内涵

建筑文化是指通过一个国家或城市的建筑风格来了解这个国家或城市的历史进程和精神风貌。总之,建筑文化是一个国家或城市的"名片"。建筑文化具有浓厚的地域色彩。根据建筑文化的本质差异,可以将建筑文化分为内部文化和外部文化。这两种文化形式既相互独立,又有着微妙的关系,决定了建筑设计的风格。

内部文化是指保留随着社会文明进步而形成的传统民族文化要素的文化形式。这种文化形态也是现代建筑设计的重要文化基础。外来文化,顾名思义就是在跨文化融合过程中引入的外来文化。从某种意义上说,外来文化和本土文化是可以融合的,但也存在矛盾的方面。与内部文化相比,外部文化并不完善,但其对当代建筑设计的影响不容忽视。从宏观上看,内部文化和外部文化的发展会对整体建筑文化产生不同程度的影响。内部文化源于生活,外部文化随着时代的发展和社会思想的变化影响着人们的生活。

二、建筑文化的多元性及多层次性

建筑文化主要划分为三个层面。

第一个层面是物化的形态,这个层面体现的是一种表面化的状况,比如施工材料的科学运用等,体现的是一种表层文化。

第二个层面是形态与物化进行有机结合。这个层面属于精神方面的内容。

第三个层面主要是探索更深层次的表现形式,即通过思考和研究来了解建筑文化所表现的精神。在建筑文化中,外部文化最容易发生变化,而内部文化相对于外部文化不容易发生变化。随着人们生活质量的提高,多元性是当今社会建筑设计的主要特征。在进行建筑设计时,建筑设计不仅要满足人们对建筑功能的要求,还要具有多元化的特点。不同的建筑有不同的形式和功能,所以现在的建筑文化也有一些差异。

三、建筑风格与文化的融合

社会的快速发展使物质技术和精神文化得到了延伸。20世纪,文艺复兴和折衷主义盛行,各国在建筑设计中都希望摆脱传统的束缚,兴起新的建筑设计。工程设计需要科学与艺术相结合,充分发挥设计师的智慧。近年来,建筑设计呈现多元化。建筑是人们在生产和生活中的工作场所,人们的活动是多样化的,建筑类型也呈现多样性。工业建筑追求经济适用性,公共建筑追求精神性。

四、建筑装饰设计风格与文化的关系

建筑风格指的是建筑设计中在内容和外貌方面反映的特征,主要有建筑的平面布局、形态、构成、艺术处理和手法运用等,但是建筑风格会受到很多外界因素的影响。在我国传统文化中,中庸思想影响比较深刻,现在我国城市的规划中,中庸思想还具有重要的作用。

(1)建筑文化为建筑装饰设计风格的形成提供良好的条件。在建筑装饰风格设计过程中,要充分考虑材料的种类和施工方法,合理运用周围环境,使周围环境与建筑相协调。此外,外缘文化必须合理应用,以

显示建筑设计的差异。在建筑设计过程中,要更好地展现区域建筑文化特色,实现建筑装饰风格的协调统一,使其更加受欢迎。

(2)建筑装饰设计风格的发展促进建筑文化的革新。中国建筑装饰设计师不断学习国外先进理念,结合中国传统建筑文化和地域文化,发展不同风格的建筑装饰设计,既能体现更高水平的设计艺术,满足建筑设计需求,又能有效促进中国文化在现代建筑上的创新。

(3)建筑风格的时代性和民族性。建筑风格不仅代表了整个建筑的独特外观,同时也反映了作品独特内容和形式。建筑风格的形成是基于历史和建筑艺术的风格,反映了经济、政治、文化和生活习俗。随着历史的变化,不同民族的建筑艺术风格具有不同的时代特点。

第三节　建筑类型与文化

一、园林景观

(一)拙政园

拙政园(图4-17)位于苏州城区东北隅,它建于明朝正德八年前后,建造者为明朝御史王献臣。

图4-17　苏州拙政园

在中国历史上大约五代之后,富裕的江南成了官僚和地主聚集的地方,私人园林越来越多,图4-18为拙政园园林一角。

图4-18　拙政园

拙政园是苏州最好的园林之一,它占地面积超过4万平方米,最初是一个积水区。这个园林的总体布局以水池为中心,亭子等建筑物都建在靠近水的地方,整个园林就像漂浮在水面上,给人一种清晰、优雅和开放的感觉。

拙政园由东、中、西三部分组成。在三个园中,最精彩的是中心部分。在过去的400年里,它被重建了几次。现存面貌大多为太平天国进驻苏州后,作为忠王府的一部分而改建的。图4-19为苏州拙政园俯视图。

图4-19　苏州拙政园俯视图

（二）寄畅园

寄畅园（图 4-20、图 4-21）是当时的兵部尚书秦金为自己退休养老而建造的。寄畅园本来叫"凤谷行窝"。秦金去世后，园林的继承人秦耀把它改名为寄畅园。在清朝康熙皇帝统治时期，秦耀的曾孙秦德藻进行了扩建和翻修。今天的寄畅园是国家重点文物保护单位，是江南园林的杰出代表，也是著名的旅游景点。

江南园林以小巧精致而闻名，与北方宏伟的园林形成了鲜明的对比。寄畅园是江南园林的典型代表，体现了江南园林的许多特点。当你进入寄畅园时，你会无意识地被它优雅、微妙、有趣的风格所吸引。

图 4-20　寄畅园（1）

图 4-21　寄畅园（2）

（三）避暑山庄

避暑山庄（图4-22）也被称为"热河行宫"，这里不仅是皇帝度过夏天的圣地，也是康熙皇帝和乾隆皇帝处理日常事务和会见少数民族上层人物的地方。

图4-22　避暑山庄

避暑山庄继承了中国古典园林的传统，是自然园林的杰出典范。它顺应自然，通过适当的艺术处理再现了自然之美。避暑山庄还融合了中国南北艺术，创造了独特的园林风格。图4-23为承德避暑山庄的一角。

图4-23　承德避暑山庄一角

这个度假胜地占地 5.64 平方千米,大约是北京颐和园的两倍大。避暑山庄的围墙长 10 千米,沿着山,蜿蜒起伏。东有武烈河,北是狮子沟。两条河蜿蜒而过。图 4-24 为承德避暑山庄的松涛阁荷花池。

图 4-24　承德避暑山庄松涛阁荷花池

（四）颐和园

颐和园（图 4-25、图 4-26）是一个风景如画的地方。在金朝,它是皇帝的行宫。在明代,它被称为"好山园"。

图 4-25　颐和园

图 4-26　颐和园内景

　　整个园可以分为四个部分：朝廷宫室部分，包括东宫门、仁寿殿和一些居住建筑；万寿山前山；昆明湖、南湖和西湖；万寿山后山和后湖。

　　万寿山的前部是南向山坡，树木繁茂。那里以高大的主体建筑排云殿和佛香阁（图 4-27）为中心。它周围有十多组建筑，要么是庭院，要么是亭子。沿着湖边，它从东面的乐寿厅开始，西至石头雕刻的船形建筑——石舫（图 4-28）。园里最高的建筑是佛香阁，高 38 米，有四层八角形楼层建在石头平台上。排云殿和佛香阁位于万寿山的中轴线上，在整个公园中脱颖而出。在这些建筑的基础上，万寿山南侧分散的十几组不同大小和形状的建筑被整合在一起，使它们看起来像分散在绿色树木中的红色花朵，聚集在主体建筑周围。山脚下的走廊和白色玉石栅栏杆更像丝带，将众多建筑连接在山坡上，进一步凸显了主体建筑的重要地位。图 4-29 是颐和园谐趣园游廊内部，图 4-30 为颐和园昆明湖。

图 4-27　颐和园佛香阁

图 4-28　颐和园石舫

图 4-29　颐和园谐趣园游廊内部

图 4-30　颐和园昆明湖

二、宫殿建筑

（一）故宫

　　故宫（图 4-31、图 4-32）是我国最大的，也是保存得最完好的古代建筑群，同时也是世界上建筑面积最大的皇宫。

图 4-31　故宫（1）

图 4-32 故宫(2)

　　故宫又称紫禁城,取紫微星象征帝居之意。故宫位于北京城的正中心,它的前面有社稷坛(今中山公园,图 4-33)、太庙(今劳动人民文化宫)、天安门,后面有景山(今景山公园,图 4-34),左有皇史宬(保存皇室史料的地方),右有西苑(今中南海和北海公园,图 4-35 为北海公园)。

图 4-33 中山公园

图 4-34　景山公园

图 4-35　北海公园

　　故宫的正门是午门。故宫布局十分严谨,整个建筑群由前后两大部分组成。前部称为"外朝",以三大殿——太和殿(图 4-36)、中和殿和保和殿(图 4-37)为中心,以文华殿、武英殿为两翼。后面的部分称为"内廷",由乾清宫(图 4-38)、坤宁宫(图 4-39)和东西六宫组成。这是根据中国古代"前朝后寝"的礼制设计布置的。

图 4-36　太和殿广场全景

图 4-37　保和殿

图 4-38　乾清宫

图 4-39　坤宁宫

　　故宫是中国古代劳动人民血汗和智慧的结晶。如今,它已成为故宫博物院,供人们参观、游览。图 4-40 为故宫角楼,图 4-41 是北京故宫御花园千秋亭。

图 4-40　故宫角楼

图 4-41　北京故宫御花园千秋亭

（二）凡尔赛宫

凡尔赛宫（图 4-42 至图 4-45）是欧洲最宏大、庄严、美丽的王宫之一，是欧洲自古罗马帝国以来，第一次集中如此巨大的人力、物力缔造的杰作。它是法国古典主义艺术的杰出代表，是人类艺术宝库中一颗绚丽灿烂的明珠。

图 4-42　法国凡尔赛宫

图 4-43　法国凡尔赛宫的天花板油画

图 4-44　法国凡尔赛宫路易十六雕像

图 4-45　法国凡尔赛宫内景

（三）克里姆林宫

克里姆林宫（图 4-46、图 4-47）是由宫殿、教堂和钟楼组成的雄伟建筑群，它的平面为不等边三角形，面积 27.5 万平方米，周围为红色宫墙和护城河，宫墙长 2250 米，沿墙筑有 19 座塔楼，共 4 座城门。

图 4-46　莫斯科克里姆林宫

图 4-47　莫斯科著名旅游景点红场克里姆林宫夜景

（四）新天鹅堡

新天鹅堡（图 4-48、图 4-49）是德国的象征，世界上没有一个国家像德国那样拥有如此多的城堡，据说目前仍有 14000 个。在众多的城堡中，最著名的是位于慕尼黑以南的新天鹅堡。

图 4-48　德国新天鹅堡

图 4-49　德国新天鹅堡冬景

三、防御建筑

(一)万里长城

万里长城(图 4-50、图 4-51)不仅是我国建筑史上的创举,甚至在全世界都十分有名。

万里长城从春秋战国时期就开始建造,主体建筑由城墙、敌台、关口和烽燧构成,主要用来防御。

图 4-50　长城(1)

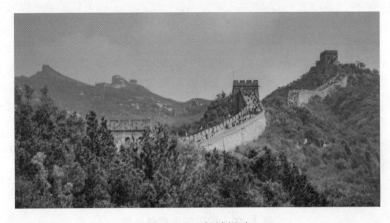

图 4-51　长城(2)

（二）西安古城墙

西安古城墙（图 4-52 至图 4-54）是西安主要建筑之一，它坐落于西安市中心区。西安古城墙是朱元璋采纳隐士朱升的建议，于明代初年由都督濮英主持在唐皇城旧城的基础上扩建起来的建筑，主要用来防御。

图 4-52　日落前的美丽西安古城墙

图 4-53　西安古城墙

图 4-54　西安城墙景区

四、陵寝建筑群

(一)吉萨金字塔群

埃及金字塔(图 4-55)是举世闻名的建筑,它位于埃及开罗郊区的吉萨高原上,始建于公元前 2600 年,历时多年,于公元前 2500 年修建完成。

图 4-55　埃及金字塔

角锥体金字塔形式表示对太阳神的崇拜,因为古代埃及太阳神"拉"的标志是太阳光芒。金字塔象征的就是刺向青天的太阳光芒,如图4-56。

图 4-56　金字塔

（二）泰姬陵

泰姬陵（图4-57、图4-58）始建于1632年,于1654年竣工,位于印度亚穆纳河南岸,传说泰姬陵是该王朝第五代皇帝为了纪念自己的爱妻而建造,是印度莫卧儿王朝最有名的建筑物之一。泰姬陵是众多手工艺者智慧的结晶,有"印度的珍珠"之美誉。

图 4-57　泰姬陵(1)

图 4-58　泰姬陵（2）

五、体育建筑

（一）古罗马斗兽场

古罗马斗兽场（图 4-59、图 4-60）是迄今遗存的古罗马建筑工程中
最卓越的代表，也是古罗马帝国永恒的象征。

斗兽场外观呈正圆形，俯瞰实为椭圆形。这座宏伟的建筑物面积
约有 2 万平方米，长轴为 188 米，短轴为 156 米，圆周长 527 米，外墙高
48.5 米，用岩石、大理石和石灰华石筑成。

宏伟的斗兽场是古代罗马奴隶智慧和血汗的结晶，它同时也记录了
古代奴隶主的残忍和奴隶生活的悲惨。

图 4-59　古罗马斗兽场全景图

图 4-60　俯拍罗马著名旅游景点古罗马斗兽场

（二）国家体育场

1. 国家体育场（鸟巢）

鸟巢的设计是科学与艺术的结合，也是世界建筑史上的一次飞跃。鸟巢外观的起伏缓和了鸟巢的体量感。主楼由一系列钢桁架组成，围绕碗状座位区域编织，形成椭圆形外壳。此外，鸟巢交错布置的钢结构，打破了鸟巢的平衡感和连贯性，给人一种自由、开放的感觉。图 4-61 和

图 4-62 为鸟巢白天景色，图 4-63 为鸟巢夜景，图 4-64 和图 4-65 为鸟巢内部的具体构造。

图 4-61　鸟巢

图 4-62　北京鸟巢国家体育场

图 4-63　鸟巢夜景

图 4-64　鸟巢内部(1)

图 4-65　鸟巢内部(2)

2. 国家游泳中心(水立方)

　　2006 年,美国《大众科学》杂志首次聚焦中国首都北京。在此之前,他们研究了世界各地的上百种建筑和创造性发明,最终北京的一座建筑击败了所有对手,获得了第一名,这就是中国国家游泳中心——水立方,它成了奥运史上的经典建筑。白天,水立方的浅蓝色"外套"沐浴在阳光下,在蓝天和白云的衬托下,呈现出一片柔和温润的景象;在夜晚,水立方体的气泡闪闪发光,讲述着每天光影的变化。图 4-66 和图 4-67 为白天水立方的景象,图 4-68 是夜晚水立方景象。

图 4-66　北京奥体中心水立方游泳馆

图 4-67　清晨的水立方

图 4-68　夜晚的水立方

　　水立方位于北京奥林匹克公园,紧挨着鸟巢,是为举办2008年北京夏季奥运会而建造的主游泳馆。建筑用地62950平方米,总建筑面积约10万平方米。在北京奥运会期间,水立方用于游泳、跳水和花样游泳等比赛,设置了17000个座位。奥运会后,水立方被改造成集运动训练、文化娱乐、健身休闲等功能于一体的国际时尚中心。图4-69是水立方内部景象。

图4-69　水立方内部景象

六、行政建筑

（一）美国国会大厦

　　国会大厦是美国重要的行政建筑,占地约2000平方米,坐西朝东,气势雄伟。国会大厦的外墙通体覆盖着白色大理石,给人们一种神圣的感受。在国会大厦还有两座参议院办公大楼、三座众议院办公大楼等建筑物。图4-70和图4-71为国会大厦。

图 4-70　美国国会大厦

图 4-71　美国国会大厦夜景

（二）人民大会堂

　　人民大会堂（图 4-72 至图 4-74）由中国工程技术人员自行设计，于 1958 年 10 月开始修建，历时 10 个多月，于 1959 年修建完成，是中华人民共和国成立 10 周年"首都十大建筑"之一。人民大会堂的建造追求建筑艺术，注重城市规划，是中国建筑史上的一大创举。

图 4-72　人民大会堂

图 4-73　人民大会堂厅内

图 4-74　人民大会堂场内

七、住宅建筑

（一）北京四合院

四合院,顾名思义,是四面用房屋围护起来的院落式住宅。它起源于北方,在北京最多,因此,人们常把它叫作北京四合院（图 4-75 至图 4-77 ）。

图 4-75　北京胡同四合院

图 4-76　史家胡同纪念馆四合院

图 4-77　北京老舍故居四合院

（二）福建土楼

　　我国福建土楼是一种环形建筑物，主要用掺有石灰的土筑成，故又称之为"环楼""生土楼"等。福建土楼星罗棋布地散落在福建西南部的崇山峻岭之中，奇特、厚重而粗犷，有着"世界民居奇葩"的称号，图4-78 至图 4-81 为福建各地的土楼。

图 4-78　福建永定土楼

图 4-79　福州永定土楼群

图 4-80　福建南靖县书洋镇田螺坑土楼

图 4-81　福建云水谣土楼

八、其他特色建筑

（一）中世纪建筑最完美的花——巴黎圣母院

巴黎圣母院（图4-82至图4-84）位于法国巴黎的塞纳河城岛东端，它是一座哥特式的巨石建筑，是巴黎最古老、最高大的天主教堂。自它落成之日起，即成为全法国宗教建筑的标杆，并且对整个欧洲产生了极大的影响，它在欧洲建筑史上具有划时代的意义。

图 4-82　法国巴黎圣母院外观

图 4-83　巴黎圣母院内景

图 4-84 巴黎圣母院夜景风光

（二）大理石写成的诗歌——米兰大教堂

米兰大教堂（图 4-85、图 4-86）建造于 15 世纪，是意大利的著名建筑物之一，由建筑巨匠伯鲁诺列斯基设计而成。米兰大教堂位于米兰市中心杜奥莫广场之上，它的主要建造材料是砖，外表覆盖着洁白的大理石，四周有 135 个石柱，尖塔成林，直刺苍穹，展现哥特式建筑的特色。图 4-87 为意大利米兰大教堂内部，图 4-88 是米兰大教堂广场。

图 4-85 米兰大教堂塔顶俯瞰米兰城市天际线

图 4-86　意大利米兰大教堂

图 4-87　米兰大教堂内部

图 4-88　米兰大教堂广场

（三）世界最大的天主教堂——圣彼得大教堂

圣彼得大教堂（图4-89至图4-91）是全世界最大的天主教堂，却位于世界上最小的国家之一梵蒂冈内。圣彼得大教堂是梵蒂冈内的最高建筑，也是罗马天主教最重要的宗教圣地。

图4-89　梵蒂冈圣彼得大教堂

图4-90　梵蒂冈圣彼得大教堂日落

图 4-91　梵蒂冈圣彼得大教堂

（四）埃菲尔铁塔

　　埃菲尔铁塔（图 4-92、图 4-93）是世界第一座钢铁高塔，它位于法国巴黎塞纳河畔，始建于 1887 年，建成于 1889 年。它是法国政府为了纪念法国大革命 100 周年和迎接世界博览会在巴黎举行而修建的。

图 4-92　法国巴黎埃菲尔铁塔

图 4-93　埃菲尔铁塔

第四节　建筑技术与文化

　　不同时代、不同国家的文化对传统建筑的影响不仅体现在风格的变化上,还体现在建筑技术、建筑美学和建筑功能的有机构成上。随着科学技术的快速发展,大跨度钢结构和功能性玻璃幕墙为设计师提供了充分的技术支持。如果用现代建筑理论体系来理解和分析中国传统建筑文化,会发现,当今世界许多著名大师的优秀设计理念往往与中国传统建筑的设计理念相吻合。古典建筑的科技和古典建筑的深层内涵是世界建筑艺术的宝藏。通过对西欧和中国建筑文化的研究,我们可以探索出宝贵的生态理念、美学规划、建筑技术和其他珍贵的经验,并吸收外来建筑文化精髓,让中国的建筑设计立足传统,与时俱进,融合创新。

一、中国的木构建筑与西方的石构建筑

　　人们一直认为木结构和石结构是中西传统建筑最根本的区别。事实上，在中国有陵墓（图4-94、图4-95）、藏区的石雕房（图4-96）等一大批用砖、石等建造的建筑，显示出了中国砖石建筑的辉煌成就。中国从战国时期就开始制造大块空心砖，并在汉朝发展了拱券技术。在西部，从阿尔卑斯山到斯堪的纳维亚半岛，木结构建筑比比皆是。在英国、瑞士和德国也有许多木结构建筑。图4-97为瑞士的木构建筑。

图4-94　西安黄帝陵

图4-95　南京中山陵

图 4-96　丹巴藏区的石雕房

图 4-97　瑞士的木构建筑

（一）中国普及木构建筑的原因

在中国的传统建筑中，砖砌和石砌建筑一开始就取得了很大的成就，但与建筑总数相比，它们最终没有得到发展，仅限于陵墓和一些宗教建筑中。而木结构建筑最终成为主流，原因有以下几个方面。

1. 生活态度是关键的决定因素

在中国古代，人们更加关注现世的生活。在那个时候，人们认为人与物的寿命是不成比例的。事物可以延续千年，但生命不过百岁，我们创造的环境与我们的预期寿命相匹配就足够了。为什么要让子孙后代生活在自己创造的环境中呢？子孙后代不一定对我们的安排感到满意。

如果一座建筑要花一百年的时间建造，那就不符合人们的观念，这最终也决定了建筑商必须找到一种快速建造房屋的方法。

2. 木构建筑是古代施工最快速的建筑形式

与今天相比，传统建筑材料的种类非常少，可以用来建造大型建筑的原材料就更少了。

中国的思想观念是，无论建筑的规模有多大，它都需要尽量现世完成。木结构建筑在施工时间方面具有独特的优势。长乐宫占据了长安的四分之一，只用了两年时间就建成了。明朝时期北京城的重建时间略长，也只用了 16 年，清朝的颐和园和避暑山庄修建花了近 100 年，但是使用和扩建是同时进行的。换句话说，在中国建筑史上，没有一座建筑是以建筑工地状态存在超过 100 年的。可以说，就建造时间而言，同年代、同大小的中国建筑比西方建筑快几倍。因此，中国古代木结构建筑相对来说是最经济、最快的。图 4-98 为贵州郎德上寨的民居。

图 4-98　贵州郎德上寨的民居

（二）西方普及石构建筑的原因

1. "神权至上"的历史是关键的决定因素

雅典卫城、万神殿、西方柏林大教堂（图 4-99）、威斯敏斯特大教堂（图 4-100）这些西方文明史上著名的建筑都是陵墓、寺庙或教堂。上帝的永恒让西方人选择了坚固和耐用的石头（图 4-101、图 1-102）。

图 4-99　柏林大教堂

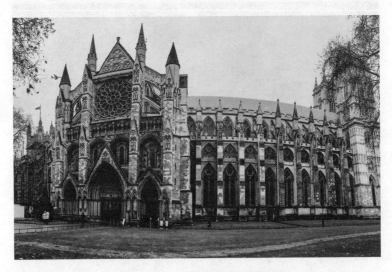

图 4-100　威斯敏斯特大教堂

图 4-101　大利佛罗伦萨百花大教堂

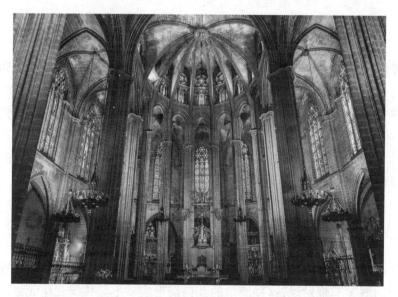

图 4-102　巴塞罗纳圣十字大教堂

2. 石材的永久性以及与拱券结构的有机结合创造了规模宏大的单体建筑

为了将所有的功能都集中在一个建筑体系中，人类发明了将几个独立的建筑组合成一个组的建筑模式,即建筑群。西方将多种功能集中在一个建筑中,自然要求建筑形成一个大的体量来容纳。石制建筑的坚固性,加上其巨大的体积,使石制建筑的宏伟感更明显。

二、建筑装饰设计与文化

随着我国人民生活水平的提高,在建筑装饰的设计中,人们除了看重其内在的实用价值之外,对其在其他方面能够带给消费者心灵和自身文化上的熏陶也越来越看重。同样,随着时代的变迁,建筑装饰设计风格在迎合消费者品位的同时,也在为丰富消费者精神生活和继承发展当地特色的人文内涵上发挥着潜移默化的作用。建筑装饰设计风格与文化传承两者之间已经达到"你中有我,我中有你"的境界,两者之间相互作用,共同为满足消费者的切身需要贡献自己的一份力量。

(一)建筑装饰中材料的文化体现

千百年来,竹子在中国的建筑装饰设计中随处可见,可以称为经典的装饰材料。凭借着其本身的韧性和高强度的支撑能力,它被运用到了生活中的方方面面。比如我们日常使用的竹制筷子,北京郊区特有的用竹木搭建的别墅区等。在装饰中,通过竹子与竹子间时疏时密的交错感,可以在内部空间与外部环境之间形成一种通透别致的感觉。自古以来竹子就是一种积极向上,勇攀高峰的代表,是历代迁客骚人笔下炙手可热的焦点。

(二)建筑装饰中符号的文化体现

在建筑装饰设计中,传统的图案占据了相当醒目的位置,仔细观察其中的图案不难发现,这些简单的几何图形实质上是传统文化元素的变体,只不过为了与现代的建筑装饰设计风格相匹配,才特意简化表达而已。这些被演绎过无数次的符号,虽然经过简化,但其在含义的表达上没有丝毫的缺失。如:门窗上遍布的莲、鱼和梅花鹿、蝙蝠造型,含蓄地表达了年年有余、福禄丰登等美好的含义。这些象征性的符号都寄托了我国劳动人民对平安幸福的美好祝愿，这也是现代建筑装饰设计风格在特殊环境下为建筑赋予灵魂的重要手段。

（三）建筑装饰中配色的文化体现

颜色的搭配也是建筑装饰设计中彰显人文内涵的重要表现方式。如2010年我国上海世博会的中国场馆（图4-103）选择了中国红作为主色调，表达我们热情好客的中国人对远道而来的友人的欢迎。此外，一些其他颜色的搭配组合，也时时刻刻地对外传播着中国的文化，就拿装饰物中的青花瓷来讲，白色与靛青的完美融合，给人一种朴素、静美的感觉，优雅巧妙地表达出中国文化中谦虚、内敛的内涵。

图4-103　上海世博会中国馆

建筑装饰设计风格与文化是密不可分、相互包含的。建筑装饰设计风格是一门艺术，人们寄希望于它来改变每一天的生活质量。因而，唯有在其中融入文化的元素，才能够达到最终的目的。

第五章

建筑艺术的传承与发展

从古至今,城市建筑都与文化息息相关。罗马式、哥特式、古典式、巴洛克式、现代式,各个国家各个城市的建筑中都蕴含着不同的人文背景、不同的地域文化,给人视觉、心灵、理念上一次次震撼与冲击。气魄雄伟的金字塔充分显示了纪念性建筑的不朽与永恒,是古埃及人民文明和智慧的象征;古希腊人建造了众多庙宇,各种各样的庙宇体现了希腊建筑的简单、纯洁、端庄、典雅和理性美;古罗马建筑继承了古希腊的建筑成就,但在追求宏伟壮丽的气魄和热烈喧闹的氛围上更胜一筹;我国的古代建筑,特别是明清古建筑故宫、圆明园等,曾经创造了无数令世人惊叹的奇迹,谱写了我国在世界建筑史上的瑰丽篇章。虽然这些传统的建筑艺术逐渐离我们远去,但是它们背后蕴藏着的独特的历史与文化将永久存在下去,并且对我们今天的建筑发展产生了潜移默化的影响。因此,传统建筑艺术的传承与发展也一直是当代人关注的话题。

第一节 建筑艺术的传承

材料的不断发展和技术的不断进步对建筑产生了重大影响。在接下来的 200 年里,建筑经历了前所未有的发展,无论是规模、数量、类型还是技术。在此期间,世界各地的传统建筑经历了遗弃、破坏、保护、继承和发展的起起落落。图 5-1 为上海老建筑,图 5-2 为古镇老街。

图 5-1　上海老建筑

图 5-2　古镇老街

一、传统建筑的传承

传统建筑在整个历史过程中不断传承。例如,14 世纪的西方建筑师总结和分析了古罗马柱式的使用,并创新和发展了它们,最终影响了整个欧洲,甚至整个西方世界。几千年来,中国能够留存下来的建筑都有良好的根基,这才使得木梁和木结构体系能够在多次地震后留存下来。古埃及使用的正投影绘图方法至今也仍在使用。在传统建筑中,有很多优秀的设计理念,比如适应气候、利用自然和地理条件等。著名的"灰空间"理念是日本建筑师黑川纪章在传统的基础上提出的现代设计方法。

二、建筑传承的重要性

建筑艺术是我们民族在几千年的发展中积累下来的伟大财富,中国建筑艺术不仅能够在现代社会为人们提供栖息地,而且还能够在一定情况下转化为物质力量,所以传承和发展建筑艺术是我们在当代社会的重要任务。

其实,就建筑的来源来说,其融化在社会的每一寸肌理当中,遍布于四面八方。在人们的日常生活中,我们随处可见传统建筑的身影。但是,这样的建筑艺术传播毕竟是松散的,没有形成有规模和有深度的探讨。

我们要加快弘扬我国的传统建筑文化,更加深刻地理解中国传统建筑的优点以及内在的文化内涵,增加我国人民的凝聚力和对我国文化的认同感。建筑艺术和文化之间是息息相关的,两者之间是一种彼此成就的关系。没有文化,建筑艺术就失去了营养来源,失去了打动人心的文化语境。文化是建筑艺术的推动者,没有民族文化,建筑艺术就很难有传承的动力。另一方面,传统建筑文化因为流传历史长,经历格外波折的发展过程,到现在为止,也是急需我们保护和发掘的对象。

三、建筑艺术传承的方法

在今天,中国建筑艺术的传承主要分为两个方面:一是教学系统内的传承,主要指的是学院派教学。二是社会面上的传承。两者之间是相互联系的,只有做好了教学层面上建筑艺术的相关工作,才能为我国建筑的发展建设输送更多的人才。建筑艺术只有符合社会的风貌、表达出人们的心理才能找到自己的活水源头,由社会渗透学院,这样的建筑艺术教学才是有根的。

（一）课程设置

建筑课程设置的理念有如下几点。

1. 科学性

首先，"课程"这个词语本身就有一定科学性的寓意，指的是在一定时间内，按照一定的计划对特定的人进行有目的性的培养。高校的建筑专业教学环境是一个复杂的、融汇着感性和理性的教育环境，对于建筑工作者来说，我们更要重视把握其中的科学性。

其次，课程的设计要注重学生本身的差异性，不能一概而论，在课程设计中，我们既要有统一的规定，同时也要根据学生的接受能力因材施教，这样才能激发学生对建筑本身的兴趣，把教育目标落到实处。

2. 多元性

高校建筑核心课程设置的多元性首先是指课程体系的多元性。我国高校核心课程体系的设计实际是面对全体建筑专业的学生。但由于学生接受的审美教育和其自身的文化素养各有不同，所以学校在课程设置上要注意多元化，要坚持创建不同的课程类型。

其次，核心课程设置的多元性也意味着教材的选择应该具有广泛性。世界建筑经历几千年的发展，就像一个无边无际的海洋，如果我们想培育高水平的、综合性的建筑人才，就不能局限于教材，而是要充分打开学生的眼界，力图让学生对各种风格、各个时期、各个地区的建筑有所涉猎。但是我们也依然要牢记，在让学生广纳博收的同时，要有所侧重、有所依据，不能一味地"广"而失去专精的一面，否则会阻碍学生对建筑的深层次领会以及技艺的提高。另外，我们要重视对传统建筑的传承以及在新时代的创新性解读。

3. 发展性

发展性指的是对一门课程来说，其具有的不断成长、更新自我的能力，既是一种面向未来的特质，也是潜藏在课程哲学背后的生命力机制。对我国建筑的发展性而言，应该注意如下几点。

第一，要增强总结归纳的能力。课程设置往往是从理想化的角度出发的,在实践的过程中会遇到各种不同的情况,所以在每个时间阶段对课程的发展情况要进行总结,这是课程发展最为核心、最为有效的动力。

第二,课程在内容上要不断进行延展,在有必要的情况下大胆地将其他学科的知识精华引入建筑艺术当中。建筑本身就是一个开放的系统,对其他学科知识的运用有利于灵感的产生。

(二)教师方面

教育的现代化使高校老师有时不我待的危机感,建筑艺术专业教师也是如此。

1.责任感和使命感

建筑专业教师要对自己的职业有一种责任感和使命感,不仅要关心学生建筑知识的获得,还要关注学生思维的拓展。教师要善于向学生传递建筑文化的精髓,引导学生对建筑产生真正发自内心深处的感情。另外,教师在学生面前还要不停地更新自己既有的知识结构,吸收各种前沿的建筑艺术观念和教学理念,并将其合理地应用到自己的教学活动当中。

2.锲而不舍的学术精神

教师需要具有一种锲而不舍的学术精神。对于高校建筑专业教师来说,生活中除了教学外,学术研究也是重要的一环,这也是高校教师区别于其他阶段教师的重要特征。在学术研究的过程当中,教师可以增长自己的智慧、才干,为教学提供丰富的养料,也能带领学生拓宽眼界。当然,学术研究的过程需要坐得住冷板凳,需要长期锲而不舍的精神品质才能在前人的基础上有所建树,这看似与要求的活泼生动是冲突的,但实质上是一种互补,冷静、严谨更能够帮人懂得生命的热情。对于高校教师来说,学术精神要成为一种毕生的追求。

3.反思精神

教师需要在教学的过程中有反思精神。教学是一个复杂的过程,是教学理念、教学实践、教学问题之间相互成就、相互促进的过程。教师在教学的过程中要反思自己的教学方法选取得是否恰当、学生是否在自己的教导之下拥有学习的热情、在教学实践中是否发挥了学生自身的积极性、教学有没有在学生中起到明显的效果等，这都是一名富有创新性批判思维的老师应该考虑的方面。另外，教师在教学过程中，不仅要自我反思，还应该将这样的批判思维带给自己的学生，以身作则，为学生树立一个谦和谨慎、愿意更新自我的好榜样。

4. 创新精神

建筑艺术的传承和发展还需要创新精神。创新精神要以科学精神为前提。所谓创新，在很多时候其实意味着省去了许多本不该有的程序和途径，遵循一种更加直接、更加科学、更加符合实际情况的方法将事物重新组织。

在科学精神的培养上，一方面要求教师仔细地分析和掌握教学资料和教学信息，不断在消化中发现新的问题，为新的问题设计出创新性的解决方案，让整个教学系统在创新中趋于科学。另一方面，教师也要注意将科学性和灵活性相结合。科学性不是空中楼阁，而是在生活的肥沃土壤中生长出来的，教师要注意将生活中有关建筑方面的资源和课堂教学相互联系，让学生在快乐和兴趣中领会建筑作品的风格特点、建造技术以及蕴含的历史文化内涵，这才能真正地实现科学性。

在建筑教育中，创新是塑造学生个性的重要途径。教师将自己在生活或者学术研究中发现的新事物、新知识经过消化后，将其精髓带给学生，打开学生的知识面，让学生在新奇与震撼中充分发挥自己的主动性和创造潜能。但是这一过程要注意两个方面的问题：一是所有的创新吸收都要求一个稳固的根本，教师要培养学生在不断的实践过程中学会辨析建筑信息并从中悟出规律加以吸收；另一方面，教师要为学生建立一个开放的平台，让学生对学习中的问题大胆地进行沟通交流，教师也要随机应变，采用灵活多样的课堂教育模式，另外还要开展各种实践，让学生在实践过程中正视自己的问题、打开自己的思维。还有一点很重要，在现代社会，创新精神的培养也越来越多地意味着对传统建筑文化的创新解读，用新的目光去看待传统建筑的存在，这就要求教师积极地带领学生深入其中，在更广阔的平台上吸收传统建筑信息。

第二节　当代建筑的发展

一、传承的目的是发展

　　历史不是静态的,而是不断变化和发展的。不同时期的建筑反映了不同时期的文化特征,新旧建筑最大的区别在于它们的时效性。图 5-3 和图 5-4 分别为现代的国家大剧院和武汉琴台大剧院,图 5-5 是长沙太平街古戏台,图 5-6 是沙溪古镇寺登街古戏台全景,图 5-7 是苏州博物馆戏曲戏剧古戏台。

图 5-3　国家大剧院

图 5-4　夕阳晚霞下的武汉琴台大剧院

图 5-5　长沙太平街古戏台

图 5-6　沙溪古镇寺登街古戏台全景

图 5-7　苏州博物馆戏曲戏剧古戏台

随着时代的进步,建筑的功能越来越多,设计标准也随着生活方式的不同而发生了很大的变化。马车是古代人最重要的交通工具,这就是为什么城市道路是根据马车的通行设计的。如今,汽车的普及使得城市道路(图 5-8)越来越宽。

图 5-8　城市道路

二、当代建筑文化的发展趋势

随着全球化、信息化、商业化的深入发展,人们对建筑物的功能需求变得越来越多样化、专业化。

(一)建筑设计需求的趋同化

随着国际交流的不断增加,人们对建筑的需求也越来越相近。无论是公共建筑的配套设施,还是对住房基本条件的需求等都趋向于统一。此外,建筑技术和结构的国际标准化,使主流建筑风格更加相似。

（二）建筑设计的地域化

以我国西南地区为例，包括四川、云南、贵州三省和西藏自治区。其西部为西藏高原，南部为云贵高原，北部为四川盆地。因其自然地理条件的复杂性、生态环境的特殊性、少数民族文化的多样性，在经历了历史长河中不同社会和经济发展阶段的洗礼后，形成了该地区丰富多样的生产方式和生活方式，孕育了当地人对待大自然的敬畏态度和紧密的人际与社会关系。这一切都可以从该地区多样化的建筑形式和建造方法上充分表现出来。它们是中华民族大家庭建筑艺术的瑰宝，也是认识和理解西南地区少数民族文化多样性和特殊性的有效途径。因此，它吸引了从事地理学、人类学、文化学、社会学、艺术学和其他学科研究的人们的兴趣。

西南地区现存典型的建筑大致可以分为两类：一类是蜀地周边地区的合院建筑，比如阆中古城民居（图5-9）；另一类则是滇西、滇中地区的合院建筑，比如丽江大研古镇民居（图5-10、图5-11）、大理喜洲民居（图5-12、图5-13）等。

图5-9　四川阆中古城

图 5-10　云南丽江大研古镇

图 5-11　云南丽江大研古镇全貌

图 5-12　大理喜洲民居

图 5-13　大理喜洲民居全貌

（三）建筑环境的生态化

在传统的建筑设计中，他们往往更注重美观，而忽略了对环境的污染，这对人们的健康产生重大影响。如今，绿色设计理念在现代建筑设计中被广泛应用。

1. 绿色设计理念

工业技术的快速发展极大地提高了人类文明水平。绿色建筑设计展示了现代化和同质化的特点。现代科技的应用应着重改善建筑带来的环境污染，采用更环保、节能的材料。

在建筑设计中，应使用更多自然元素以创造良好的生活环境，并使用自然颜色和材料为人们提供更舒适的生活环境，从而有效满足人们的生活需求，节省成本，提高效率，积极推动建筑设计朝着更经济、更环保的方向发展。建筑设计在改善人们生活质量方面发挥着重要作用。在现代背景下，建筑设计水平有了很大的提高，装饰污染程度逐渐下降，绿色设计和环保理念受到了更多关注。许多设计师在设计过程中基于以人为本的观念，实现自然资源的合理利用，促进绿色发展。

2. 绿色设计理念的主要原则

（1）节约性。绿色设计概念的关键是减少建筑物的能源消耗并满足环境需求。例如，在不改变设计主题的前提下，尽可能简化设计，严格控制资源使用，避免盲目建设和浪费资源的行为。

（2）安全性。环境设计艺术与人们的生活密切相关，设计中的安全管理最终会对建筑质量产生重大影响。虽然采用了绿色设计的概念，但我们必须注意避免因为限制资源消耗而忽视安全设施等问题，从而将生产安全与绿色理念相结合。

（3）自然性。绿色设计理念应避免破坏自然环境。在设计绿色艺术时，应严格遵循自然和谐规律，原则上采取适当的保护措施，减少对自然环境的负面影响，以满足环境发展的需要。

三、21世纪初的中国建筑艺术新成就

（一）国家大剧院

国家大剧院位于一个方形湖的中心，四周环绕着一片广阔的草地，湖上有一座银白色的椭圆形建筑，就像一颗从蓝色海水中升起的珍珠，如图5-14所示。国家大剧院是由法国建筑师保罗·安德鲁设计的。国家大剧院是浪漫主义和现实主义的混合体。安德鲁放弃了传统的设计理念，在新世纪创造了超乎人们想象的"湖中明珠"。图5-15为国家大剧院门口。

图5-14　国家大剧院外部

图 5-15　国家大剧院门口

　　国家大剧院呈流线型的半椭圆状，就像一个从湖中心浮出水面的岛屿。白天，阳光通过屋顶玻璃照进剧院，晚上，通过玻璃可以看到户外活动，体现了"剧院在城市，城市在剧院"的设计理念。图 5-16 为国家大剧院夜景。

图 5-16　国家大剧院夜景

国家大剧院表面布满了分散的 LED 灯,就像夜空中的星星,如图 5-17。剧院的入口位于人工湖的水下,行人必须通过一条 80 米长的北侧水下长廊进入剧院。当你在水下漫步时,你会发现一片浅蓝色的池水在你的头顶,在光的闪烁下有一种创造梦幻的感觉。

图 5-17　夜空下的国家大剧院

走进国家大剧院,你会在这里感受到庄严、宽广、优雅的氛围。中国传统的红色符号在大型剧院中随处可见,如主入口和歌剧院观众厅内外的红色墙壁、剧院的红色弧形楼梯(图 5-18、图 5-19)。大剧院有四个剧场,歌剧院在中间,厅在东边,戏剧场在西边,小剧院在南门的西边。四个剧院既是独立的,也可以通过空中走廊相互连接。四个剧院外的空间和走廊都有自己的特色和魅力,被称为"第 5 剧院",在这里你可以看到有艺术特色的空间布置和各种各样的小型艺术表演。图 5-20 为剧院内景,图 5-21 是国家大剧院的穹顶。

图 5-18　国家大剧院的楼梯设计（1）

图 5-19　国家大剧院的楼梯设计（2）

图 5-20　国家大剧院内景

图 5-21　国家大剧院穹顶

　　国家大剧院位于人民大会堂西侧,代表着国家文化。椭圆形的壳形(图 5-22)与周围方形建筑形成鲜明对比,共同形成一种有节奏的美感。它是新世纪的代表建筑,展现出独特的姿态,成为北京长安街上亮眼的景观。剧院与周围的人工湖和绿地融为一体,体现人与人、人与艺术、人与环境和谐的设计理念。国家大剧院不仅外观吸引人,而且具有强烈的文化底蕴和历史感。

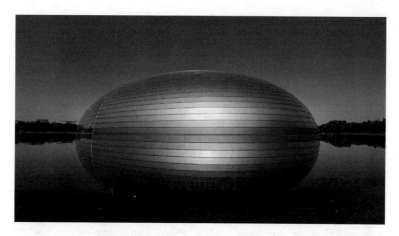

图 5-22　国家大剧院

（二）中央广播电视总台大楼

　　中央广播电视总台大楼（图 5-23、图 5-24）出自雷姆·库哈斯之手，他是一个颠覆传统的大师，作品以奇特、天马行空而闻名世界。中央广播电视总台大楼坐落在北京国贸 CBD 商圈，建筑面积约 470 800 平方米，高达 234 米。

图 5-23　中央广播电视总台大楼

图 5-24　中央电视总台大楼夜景

第六章

建筑艺术构思与表现

　　建筑艺术是一门融合创意与技术的综合艺术,涉及从构思到实际表现的全过程。建设艺术的构思源于对环境、社会和文化背景的理解与感知,通过创造性的设计来满足人们的需求。构思阶段,建筑师运用想象力,将抽象思维转化为具体的空间构成和形式语言。表现阶段,建筑师利用材料、光线、色彩等要素,使用比例、透视等原则,创造独特的建筑作品。

第一节　建筑构思理念

一、建筑构思

　　建筑构思是指建筑师或设计师在设计建筑之前,对建筑物形式、功能、结构和材料等方面进行思考、分析和规划的过程。它是建筑设计的第一步,也是最为关键的一步,因为它决定了建筑的基本形式和特点。

　　在建筑构思阶段,建筑师需要了解建筑的用途和需求,考虑建筑的周围环境、地形、气候等因素,以及建筑材料和结构的限制。之后,建筑师会进行一系列概念设计,包括手绘草图、建筑模型和数字模拟等,以探索各种设计的可能性,最终确定最优的设计方案。

建筑构思需要综合考虑多种因素,如美学、功能、环境、经济和社会因素等,因此需要建筑师具备广泛的知识和专业技能。在建筑构思的过程中,建筑师还需要与客户、工程师和其他相关专业人员合作,以确保设计方案的可行性和现实性。

不同的想法产生不同的设计,不同的设计产生不同的效果,创造力是建筑设计的关键。为什么不同的建筑师有不同的想法? 这是一个受许多因素影响的复杂问题,有内部和外部原因,外部原因涉及社会政策、经济条件、技术、时尚等因素。内部原因包括创作者的哲学、建筑、思维方式、专业知识和其他知识,以及表达建筑创造力的能力。

二、构思理念——创作的纲领

功能主义理念源于 20 世纪初期的现代主义运动,强调建筑应该以满足使用者的功能需求为首要目标。建筑师应该考虑到使用者的实际需求和使用习惯,从而创造出最佳的使用效果。这种理念下,建筑的形式、结构和空间布局都是为了最大限度地发挥其功能而设计的。例如,一栋住宅的设计需要考虑到居住者的生活方式和日常活动,例如就餐、睡眠、娱乐等,从而设计出最合适的布局和功能分区。

历史主义理念强调建筑设计应该受到历史文化和传统的影响。建筑师会通过研究历史建筑和文化来设计新建筑,以此传承历史文化,保留历史建筑的艺术价值和人文精神。这种理念下,建筑设计中会运用传统建筑元素、装饰和材料,例如柱子、拱门、雕塑等,来传达历史文化和传统的内涵。例如,欧洲的哥特式建筑就是历史主义建筑的代表,它们通过使用石材和拱形结构等元素,体现出中世纪欧洲的文化和宗教精神。

生态主义理念强调建筑应该与环境融合。建筑师应该采用环保材料,最大限度地利用自然光线和自然通风,以减少建筑的碳排放和能源消耗。这种理念下,建筑设计应该考虑到生态系统和人类社会的互动关系,从而创造出能够可持续发展的建筑。例如,丹麦哥本哈根的自行车大桥就是一座生态主义建筑的代表,它利用太阳能光伏板提供电力,同时还设置了自行车道,鼓励人们步行和骑自行车,减少对环境的污染。

现代主义理念是建筑设计中的一个重要思潮,源于 20 世纪初期的现代主义运动。这种理念强调建筑应该表现出现代文化的精神和技术的进步。在现代主义建筑中,建筑师会使用新的材料和技术,例如钢铁、混凝土和玻璃等,创造出前所未有的建筑形式和结构。现代主义建筑也强调建筑的功能性,形式和空间布局是为了最大限度地发挥建筑的功能而设计的。

现代主义理念的发展经历了几个不同的阶段。早期的现代主义建筑师,如勒·柯布西耶和鲍尔斯,注重建筑的纯粹性和简洁性,追求形式和功能的完美结合。中期的现代主义建筑师,如莫塞·范德罗和米斯·凡德罗,更加强调建筑的技术性和工程性,追求结构和材料的透明和简洁。后期的现代主义建筑师,如路易·康、弗兰克·盖里和托马斯·梅恩,将更多的关注点放在了建筑与社会环境的关系上,强调建筑的人性化和社会性。

（一）美国旧金山现代美术馆

旧金山现代美术馆（San Francisco Museum of Modern Art）的建筑风格属于现代主义。该建筑由瑞士建筑师马里奥·博塔设计,于1995年完工,是一座充满现代感的混凝土建筑。

建筑主体采用了现代主义建筑风格中常见的几何形体,如圆柱形立方体、金字塔等。整座建筑形象简洁、明快。建筑外墙的材质主要采用红砖和混凝土,给人沉稳的感觉。建筑正面采用了大面积的玻璃幕墙,使室内和室外自然交流,同时也让整座建筑看起来更加通透明亮。

建筑整体呈现出对称性的布局,将不同的展厅、楼层和公共空间有机地连接在一起。建筑内部的设计也体现了现代主义的特点,如简洁、精致、明亮等。

总体来说,旧金山现代美术馆的建筑风格体现了现代主义建筑风格的特点,即形式简洁、几何化、功能性强。建筑师马里奥·博塔在设计中巧妙地运用了几何形体、红砖和混凝土材质、玻璃幕墙等元素,创造出一座充满现代感的建筑。

（二）日本和歌山现代美术馆

和歌山现代美术馆（The Museum of Modern Art, Wakayama）的建筑风格是现代主义和折衷主义的结合。该建筑由日本建筑师安藤忠雄设计,于 2004 年建成,是一座充满创新和现代感的建筑。

建筑外观简约低调,采用灰色的钢筋混凝土和玻璃幕墙相结合的方式,整体给人一种现代感和创新感。建筑内部设置了多个独特的几何形态,如圆柱形、三角形、梯形等。这些形态的出现突破了传统建筑形态的限制,建筑内部采用了简约的白色调,通过空间的敞开、几何形态的独特组合和巧妙运用光线等手法,创造出一种简洁、明亮、现代的室内设计风格。建筑师安藤忠雄通过对传统日本建筑风格的借鉴和运用,使建筑在现代感和创新感的基础上融入了日本文化的元素。

第二节　建筑艺术造型的设计表现

一、建筑设计要有激情

建筑设计是建筑创造力的体现。职业建筑师从事创造性的工作,培养热情是激发建筑设计创造力的先决条件。

二、建筑设计要有才思

建筑设计的基本概念是空间感知,即思考能力。建筑设计是一种创造性的工作,创意会在永恒的文化和艺术中变得独一无二。只有不断地学习和模仿前人作品,我们才能创造新的建筑。"熟读唐诗三百首,不会作诗也能吟"就是这个道理。

三、建筑设计表达要有技巧

激情和思考是建筑设计的表达。在建筑设计中,为了确保创造力的实现,我们需要合格的技术来表达建筑空间的深度、主体雕塑和所有建筑细节。通过应用审美和建筑表达规律,人们可以满足物质和精神需求,创造完美的建筑作品。

四、建筑设计与表达的艺术境界

学生经常问,如何学习建筑设计,他们未来的工作是什么? 在专业学习中,首先应该提高阅读能力,了解更多的建筑知识,对建筑有深刻的理解,使建筑设计和创意成为生活的一部分,并将建筑设计引入艺术世界。

五、建筑设计表达学习的阶段过程

从上述建筑师的成长过程不难看出,学习如何表达建筑设计要经历一个渐进的过程,可以分为以下几个阶段。

（1）建筑设计从分析和模仿开始。学习如何分析、模仿和感受建筑,分析优秀的建筑作品,培养兴趣和激情。在这个阶段,我们应该接受老师的建议。

（2）在模仿过程中,建筑设计必须保持坚定的立场。将建筑理想和目标放在脚下,致力于模仿和探索,即建筑设计的积累过程。在这个阶段,应该大胆实践,不怕挫折,积极寻求老师和同学的帮助,提升自己的能力水平。

（3）在模仿过程中,创造出符合个性的设计理念和设计方法,实现建筑设计个性化的完美创造,这是从量变到质变的过程。

六、建筑项目设计的阶段过程

建筑设计和表达概念服务于建筑项目的设计阶段。在实践中,必须遵循建筑设计程序。建筑设计过程分为以下步骤。

（1）可行性研究、项目招标。

（2）项目设计、现场调查和项目批准。

（3）初步设计和初步审批阶段。

（4）根据阶段审批建立平面设计和预算设计。

（5）建筑许可证、设计、竣工验收、最终成本和交付阶段。

在建设项目规划的每个阶段,建设单位都有设计和设计深度的要

求。设计人员必须坚持按照国家文件和编制要求的设计深度完成任务，不能服从施工单位的盲目安排。

第三节　建筑艺术造型与色彩表现

一、建筑绘画的绘画原理

建筑绘画属于艺术范畴，与艺术绘画有共同标准。建筑绘画高度重视建筑形象的表达，建筑的建模规律遵循美学规则。在建筑绘画之前，必须确定建筑绘画的基本措施，重点是安排图像之间的一般关系，并经常比较图像。建筑设计的原则和步骤可总结如下。

（一）绘制建筑轮廓

在确定了建筑图像的基本结构后，有必要准确绘制建筑方案。没有精确的方案，建筑无法正确表达其图像。建筑方案不仅反映了建筑的外部物理结构，还体现了建筑物内部空间的结构。建筑方案的表达必须符合透视的基本原则。

（二）表达建筑光影作用下的明暗

在建筑绘画中，通常假设建筑物处于阳光下，建筑物表面的光影关系。在画建筑时，要注意门窗的表现，因为地板是明亮的，门窗部位的阴影一般影深。

（三）表达建筑材料的色彩和质感

建筑的表面不仅反映了光影的关系，还符合建筑设计、建筑材料、装饰和色彩表现的要求。

（四）建筑画面运用虚实处理和明暗变换突出重点

在建筑绘画的表达中，并不是建筑的每一部分都能得到平等的对待。重点应放在主题和现实形式上，使绘画充满艺术痕迹，实现建筑的艺术性。

（五）建筑画面完美构图，配景烘托建筑

建筑在环境中生长，建筑和环境应该和谐统一。在建筑表达中，它应该反映环境并利用环境因素。在表达环境时，应注意环境因素的相对规模，从而使环境因素更好地与主体结构相对，并能充分反映项目建筑与环境的有机结合。

二、色彩建筑效果图绘制技巧

颜色是人类对一切事物的感知和感觉。我们的祖先自人类诞生以来就一直在岩石洞穴和陶土中描绘色彩。随着社会发展和科学进步，人们进一步了解科学原理与艺术形式之美。人们使用色彩的基本原则，能够发挥自我主动和抽象思维的作用，利用色彩和层次结构的多样性空间，从多个角度混合色彩元素，创造完美的色彩感觉。

（一）确定建筑画面基调

在建筑绘画之前，首先需要确定图像的基调。以图像的形式书写出脑中的想法，绘制多个小型图像，以捕捉灵感瞬间图像的整体效果。建筑师根据手稿的颜色、图像的颜色和审核的创意意图确定最佳绘画方案。

（二）色彩的属性

1.色相

色相是指色彩的相貌和主要品相，如红、黄、蓝，不同的颜色有不同的色彩。一个装饰设计,主要的色彩倾向使色相起着调性的作用。

2. 纯度

纯度,也称艳度或彩度,是指色彩的鲜艳和浑浊程度。三原色的纯度最高,间色的纯度相对较弱,复色的纯度更弱。

3. 明度

明度,指色彩的明暗程度和深浅程度。例如在大红中分别加入黑色与白色,得到深红色和粉红色。深红色明度低,粉红色明度高。

三、色彩心理与色彩之间的关系

颜色的三个基本色是颜色的重要因素。色彩效果可以给人强烈的感觉和视觉。在色彩的世界里,总能找到美,这取决于色调、亮度、纯度、温度和面积的对比度。

四、色彩在建筑装饰设计中的地位

颜色在建筑设计中非常重要,因为我们生活在一个充满色彩的世界中。人类的视觉总是对颜色做出反应,刺激大脑在情绪和思想上做出细微的变化。我们使用视觉心理学来设计和创造许多东西。

视觉感知颜色因人而异,与社会环境、文化背景、生活经历、个性和情绪以及个人表现密切相关。每个人都对颜色有理解和感觉,这限制了颜色的深度、范围和强度。我们甚至可以假设对颜色的理解是无限的。例如,不同颜色可以表达喜悦、愤怒、悲伤等不同感情,与幸福相对应的颜色更明亮、纯度适中;悲伤通常纯度低、亮度低,如灰色。颜色具有强烈的空间感,可以通过比较温暖和寒冷的颜色来反射。温暖的颜色在视觉上向前延伸,而冷颜色和灰色在视觉上向后滑动,两者的结合产生了图像延伸的错觉。

参考文献

[1] 邱德华,董志国,胡莹.建筑艺术赏析(第 2 版)[M].苏州:苏州大学出版社,2018.

[2] 邢洪涛.建筑的艺术表达 [M].南京:东南大学出版社,2018.

[3] 聂洪达,赵淑红,崔钦淑,刘霄峰.建筑艺术赏析 [M].武汉:华中科技大学出版社,2018.

[4] 孙志春,苏晓华,孙超.建筑文化与职业素养 [M].北京:北京理工大学出版社,2018.

[5] 李永刚,王聪.建筑艺术赏析 [M].合肥:合肥工业大学出版社,2015.

[6] 邢春如.中国艺术史话 13 中国建筑艺术(上)[M].沈阳:辽海出版社,2007.

[7] 盛文林.建筑艺术欣赏 [M].北京:北京工业大学出版社,2014.

[8] 刘托.建筑艺术 [M].太原:山西教育出版社,2008.

[9] 王子夺.建筑艺术造型设计 [M].北京:中国建材工业出版社,2020.

[10] 陈孟琰,马倩倩,强晓倩.建筑艺术赏析 [M].镇江:江苏大学出版社,2017.

[11] 伍昌友.建筑设计构思与创意分析 [M].南京:东南大学出版社,2013.

[12] 彭军,高颖.手绘的魅力·笔尖下的天津历史风貌建筑(公共建筑篇)[M].天津:天津大学出版社,2018.

[13] 高福进,闫成,李雅茹.上海城市历史文脉保护与传承机制研究 [M].上海:上海人民出版社,2019.

[14][日] 秋元馨.现代建筑文脉主义 [M].大连:大连理工大学出

版社,2010.

[15] [英]布鲁克,[英]斯通.建筑文脉与环境[M].大连:大连理工大学出版社,2010.

[16] 陶雄军.文化廊道视域下的西南建筑文脉研究[M].北京:中国建筑工业出版社,2020.

[17][英]威廉姆·理查德·莱瑟比.西方建筑艺术观念的缘起与演变[M].石家庄:河北美术出版社,2018.

[18] 林振,曾杰.建筑艺术[M].北京:中国劳动社会保障出版社,2003.

[19] 孙俊桥.城市建筑艺术的新文脉主义走向[M].重庆:重庆大学出版社,2013.

[20][英]布罗林(Brolin,B.C.).建筑与文脉 新老建筑的配合[M].翁致祥等译.北京:中国建筑工业出版社,1988.

[21] 沈福煦.建筑艺术史绎[M].上海:上海锦绣文章出版社,2012.08.

[22] 郑永安.世界建筑艺术史[M].长春:东北师范大学出版社,2012.

[23] 鲁毅,张迪,任丽坤.建筑艺术欣赏[M].北京:中国建材工业出版社,2014.

[24] 潘新华.海派文化地图·海上文脉[M].上海:上海交通大学出版社,2018.

[25] 赵新良.建筑文化与地域特色[M].北京:中国城市出版社,2012.

[26] 钱正坤.世界建筑风格史[M].上海:上海交通大学出版社,2005.

[27] 梁思成.中国建筑的特征[M].武汉:长江文艺出版社,2020.

[28][美]马文·特拉享伯格,[美]伊莎贝尔·海曼.西方建筑史:从远古到后现代[M].王贵祥译.北京:机械工业出版社,2011.

[29] 沈福煦.中国建筑史[M].上海:上海人民美术出版社,2015.

[30] 沈福煦.中国建筑史(升级版)[M].上海:上海人民美术出版社,2018.

[31] 沈福煦.中国建筑史[M].上海:上海人民美术出版社,2012.

[32] 沈福熙.中国建筑简史[M].上海:上海人民美术出版社,2007.

[33] 李慕南 . 建筑艺术 [M]. 开封 : 河南大学出版社 ,2005.

[34] 杨少波 . 鬼斧神工古建筑 (图文版)[M]. 北京 : 中国戏剧出版社 ,
2005.

[35] 李穆南 . 鬼斧神工的古代建筑 [M]. 北京 : 中国环境科学出版
社 ,2006.

[36] 聂洪达 , 赵叔红 . 建筑艺术赏析 (第 2 版)[M]. 武汉 : 华中科技
大学出版社 ,2014.

[37] 赵新良 . 诗意栖居 : 中国传统民居的文化解读 (第 1 卷)[M]. 北
京 : 中国建筑工业出版社 ,2007.

[38] 赵新良 . 诗意栖居 : 中国传统民居的文化解读 (简装本) 卷
1[M]. 北京 : 中国建筑工业出版社 ,2009.

[39] 聂洪达 , 赵淑红 . 建筑艺术赏析 [M]. 武汉 : 华中科技大学出版
社 ,2010.

[40] 李穆文 . 鬼斧神工的古代建筑 [M]. 西安 : 西北大学出版社 ,
2014.

[41] 邢春如 , 刘心莲 , 李穆南 . 建筑艺术 (上)[M]. 沈阳 : 辽海出版社 ,
2007.

[42] 王志艳 . 中国建筑民居・历史文化的缩影与精华 [M]. 北京 : 北
京燕山出版社 ,2006.

[43] 沈福煦 . 建筑历史 (新版)[M]. 上海 : 同济大学出版社 ,2012.

[44][日] 伊东忠太著 ; 杜垫译 . 中国建筑史 [M]. 沈阳 : 沈阳出版社 ,
2020.

[45][英] 大卫・沃特金 . 西方建筑史 [M]. 博景川译 . 长春 : 吉林人
民出版社 ,2015.

[46][美] 马文・特拉亨伯格 , [美] 伊莎贝尔・海曼 . 西方建筑史 :
从远古到后现代 [M]. 王贵祥译 . 北京 : 机械工业出版社 ,2011.